"十四五"高等职业教育计算机类新形态一体化系列教材

公有云
技术及应用

千锋教育◎编著

中国铁道出版社有限公司
CHINA RAILWAY PUBLISHING HOUSE CO., LTD.

内容简介

本书针对高职院校计算机类专业教学需要编写,以实用的案例、通俗易懂的语言进行概念讲解,并提供具体的实例让读者能够即学即练,帮助读者高效掌握公有云在企业中的应用。全书共分 9 章,从云计算的发展与公有云选型的基础知识入手,逐渐过渡到云服务器、云数据库、云上负载均衡、云上对象存储等云上资源的应用,在此基础上完成对云上网络环境的部署与云上安全方案的规划。本书附有源代码、习题、教学课件等资源,为了帮助学生更好地学习,编者还提供在线答疑服务。

本书适合作为高等职业院校计算机相关专业的教材,也可作为运维工程师、云计算工程师等相关从业人员的参考书。

图书在版编目(CIP)数据

公有云技术及应用 / 千锋教育编著 .—北京:中国铁道出版社有限公司,2023.10

"十四五"高等职业教育计算机类新形态一体化系列教材

ISBN 978-7-113-30494-2

Ⅰ.①公… Ⅱ.①千… Ⅲ.①云计算 - 高等职业教育 - 教材 Ⅳ.① TP393.027

中国国家版本馆 CIP 数据核字(2023)第 155790 号

书　　名:	公有云技术及应用
作　　者:	千锋教育

策　　划:	祁　云	编辑部电话:	(010) 63551006
责任编辑:	祁　云　包　宁		
封面设计:	尚明龙		
责任校对:	刘　畅		
责任印制:	樊启鹏		

出版发行:中国铁道出版社有限公司(100054,北京市西城区右安门西街 8 号)

网　　址:http://www.tdpress.com/51eds/

印　　刷:河北宝昌佳彩印刷有限公司

版　　次:2023 年 10 月第 1 版　2023 年 10 月第 1 次印刷

开　　本:850 mm×1 168 mm　1/16　印张:13.75　字数:376 千

书　　号:ISBN 978-7-113-30494-2

定　　价:46.00 元

版权所有　侵权必究

凡购买铁道版图书,如有印制质量问题,请与本社教材图书营销部联系调换。电话:(010) 63550836

打击盗版举报电话:(010) 63549461

序

党的二十大报告指出:"加强企业主导的产学研深度融合,强化目标导向,提高科技成果转化和产业化水平。强化企业科技创新主体地位,发挥科技型骨干企业引领支撑作用,营造有利于科技型中小微企业成长的良好环境,推动创新链产业链资金链人才链深度融合。"报告中使用了"强化企业科技创新主体地位"的全新表达,特别强调要"加强企业主导的产学研深度融合"。

为了更好地贯彻落实党的二十大精神,北京千锋互联科技有限公司和中国铁道出版社有限公司联合组织开发了"'十四五'高等职业教育计算机类新形态一体化系列教材"。本系列教材编写思路:通过践行产教融合、科教融汇,紧扣产业升级和数字化改造,满足技术技能人才需求变化。本系列教材力争体现如下特色:

1．设置探索性实践性项目

编者面对IT技术日新月异的发展环境,不断探索新的应用场景和技术方向,紧随当下新产业、新技术和新职业发展,并将其融合到高职人才培养方案和教材中。本系列教材注重理论与实践相融合,坚持科学性、先进性、生动性相统一,结构严谨、逻辑性强、体系完备。

本系列教材设置探索性科学实践项目,以充分调动学生学习积极性和主动性,激发学生学习兴趣和潜能,增强学生创新创造能力。

2．立体化教学服务

(1)高校服务

千锋教育旗下的锋云智慧提供从教材、实训教辅、师资培训、赛事合作、实习实训,到精品特色课建设、实验室建设、专业共建、产业学院共建等多维度、全方位服务的产教融合模式,致力于融合创新、产学合作、职业教育改革,助力加快构建现代职业化教育体系,培养更多高素质技术技能人才。

锋云智慧实训教辅平台是基于教材专为中国高校打造的开放式实训教辅平台,为高校提供高效的数字化新形态教学全场景、全流程的教学活动支撑。平台由教师端、学生端构成,教师可利用平台中的教学资源和教学工具,构建高质量的教案和高效教辅流程。同时教师端和学生端可以实现课程预习、在线作业、在线实训、在线考试等教学环节和学习行为,以及结果分析统计，提升教学效果，延伸课程管理，推进"三全育人"教改模式。扫下方二维码即可体验该平台。

（2）教师服务

教师服务群（QQ群号：713880027）是由本系列教材编者建立的，专门为教师提供教学服务，分享教学经验、案例资源，答疑解惑，进行师资培训等。

锋云智慧公众号

（3）大学生服务

"千问千知"是一个有问必答的IT学习平台，平台上的专业答疑辅导老师承诺在工作日的24小时内答复读者学习时遇到的专业问题。本系列教材配套学习资源可通过添加QQ号2133320438或扫下方二维码索取。

千锋教育是一家拥有核心教研能力以及校企合作能力的职业教育培训企业，2011年成立于北京，秉承"初心至善，匠心育人"的企业文化，以坚持面授的泛IT职业教育培训为根基。公司现有教育培训、高校服务、企业服务三大业务板块。教育培训分为大学生职业技能培训和职后技能培训；高校服务主要提供校企合作全解决方案与定制服务。

千问千知公众号

本系列教材编写理念前瞻、特色鲜明、资源丰富，是值得关注的一套好教材。我们希望本系列教材能实现促进技能人才培养质量大幅提升的初衷，为高等职业教育的高质量发展起到推动作用。

千锋教育

2023年8月

前言

如今,科学技术与信息技术快速发展和社会生产力变革对IT行业从业者提出了新的需求,从业者不仅要具备专业技术能力、业务实践能力,更需要培养健全的职业素质。高校毕业生求职面临的第一道门槛就是技能与经验,教科书也应紧随新一代信息技术和新职业要求的变化及时更新。

本书倡导理实结合,实战就业,在语言描述上力求专业、准确。引入企业项目案例,针对重要知识点,精心挑选案例,将理论与技能深度融合,促进隐性知识与显性知识的转化。案例讲解包含设计思路、应用场景、效果展示、部署方式、架构分析、疑点剖析。从动手实践的角度,帮助读者逐步掌握前沿技术,为高质量就业赋能。

本书编写采用循序渐进的方式,内容全面。在语法阐述中尽量避免使用生硬的术语和枯燥的公式,从业务对云上环境的实际需求入手,将理论知识与实际应用相结合,促进学习和成长,快速积累云上业务维护与管理经验,从而在职场中拥有较高起点。

云计算已成为当今IT技术的热门话题,起初主要由Google、IBM、Amazon等企业组织提供的营销和服务推动。在国内,以阿里云为代表的公有云服务层出不穷,公有云也成为大多数中小型互联网企业的发展基础。本书以阿里云为例,详细介绍了公有云环境部署实战案例。

本书包括以下内容:

第1章:主要介绍云计算概念的起源与云服务类型,使读者了解云计算的核心概念。

第2章:主要介绍云计算选型方向,以及当前主流的云上产品。

第3章:主要介绍公有云中常用的云服务器,用户可在云服务上部署任意应用。

第4章:主要介绍公有云中常用的数据库类型,无须用户部署数据库应用即可使用数据库服务。

第5章:主要介绍云上负载均衡部署服务与方式,通过云上负载均衡实现流量分发减轻后端服务器压力。

第6章:主要介绍云上对象存储与调用的方式,用户可通过网络随时随地调用存储在云上的文件。

第7章：主要介绍云上专有网络的设计与部署，用户能够在云上部署自己的网络环境。

第8章：主要介绍云上监控的配置方式，该方式能够实现对云上环境的监控，及时发现问题并解决问题。

第9章：主要介绍云上安全防护措施，以保证云上资产的安全性。

通过本书的系统学习，读者能够快速掌握云上环境的部署，并根据具体需求对云上环境做出更改，灵活应对云上环境的突发状况。

本书的编写和整理工作由北京千锋互联科技有限公司高教产品部完成，其中主要的参与人员有邢梦华、李伟、王雅琦等。除此之外，千锋教育的500多名学员参与了本书的试读工作，他们站在初学者的角度对本书提出了许多宝贵的修改意见，在此对他们一并表示衷心的感谢。

在本书的编写过程中，虽然力求完美，但难免有一些不足之处，欢迎各界专家和读者朋友们提出宝贵的意见和建议，联系方式：textbook@1000phone.com。

编　者

2023年7月

目 录

第1章 云计算简介 ... 1
1.1 云计算概念 ... 1
1.1.1 云计算的起源 ... 1
1.1.2 云计算概述 ... 3
1.1.3 云计算部署模型 ... 4
1.2 云服务类型 ... 6
1.2.1 基础架构即服务 ... 6
1.2.2 平台即服务 ... 7
1.2.3 软件即服务 ... 8
1.2.4 云服务类型对比 ... 9
1.3 云计算技术与实现 ... 10
1.3.1 虚拟化 ... 10
1.3.2 分布式文件系统 ... 14
1.3.3 分布式存储 ... 14
1.3.4 分布式计算 ... 15
小结 ... 15
习题 ... 15

第2章 公有云选型 ... 17
2.1 分析需求 ... 17
2.1.1 网站基本情况 ... 17
2.1.2 云服务器规格 ... 18
2.2 常见的云厂商 ... 18
2.3 常见的云产品 ... 19
2.3.1 云产品类型 ... 19
2.3.2 阿里云云产品 ... 20
小结 ... 23
习题 ... 24

第 3 章 弹性计算云服务器 25

3.1 了解 ECS 弹性云服务器 25
3.1.1 ECS 弹性云服务器简介 25
3.1.2 地域与可用区 26
3.2 ECS 实例获取 28
3.3 实例管理 38
3.3.1 连接实例 38
3.3.2 操作实例 42
3.4 实例安全 45
3.4.1 安全组 45
3.4.2 RAM 角色管理 49
小结 50
习题 50

第 4 章 云数据库 52

4.1 了解云数据库 RDS 52
4.1.1 云数据库 RDS 简介 52
4.1.2 云数据库 RDS 系列产品 53
4.1.3 实例规格族 55
4.2 实例获取 56
4.3 使用流程 60
4.3.1 白名单与安全组 60
4.3.2 数据库账号 61
4.3.3 连接数据库 65
4.4 RDS 实例监控 67
4.4.1 查看资源 67
4.4.2 监控频率 67
小结 68
习题 68

第 5 章 负载均衡 SLB 70

5.1 了解负载均衡 SLB 70
5.1.1 负载均衡 SLB 简介 70
5.1.2 负载均衡 SLB 类型 71
5.1.3 负载均衡 CLB 简介 71
5.2 负载均衡 CLB 配置 72

  5.2.1 配置 ECS 73
  5.2.2 创建 CLB 实例 74
  5.2.3 后端服务器 76
  5.2.4 主备服务器 80
 5.3 实例监控 85
小结 89
习题 90

第 6 章 对象存储 OSS 91

 6.1 了解对象存储 OSS 91
  6.1.1 对象存储 OSS 简介 91
  6.1.2 OSS 基本概念 91
 6.2 Bucket 的应用 92
 6.3 基础设置 104
 6.4 命令行工具 117
 6.5 OSS 挂载工具 129
  6.5.1 安装 ossfs 129
  6.5.2 进阶配置 131
小结 135
习题 136

第 7 章 专有网络 VPC 137

 7.1 了解专有网络 VPC 137
 7.2 网络部署 138
  7.2.1 网络规划 138
  7.2.2 部署专有网络 VPC 139
 7.3 交换机管理 146
  7.3.1 绑定路由表 146
  7.3.2 绑定网络 ACL 151
 7.4 高可用虚拟 IP 155
  7.4.1 高可用虚拟 IP 工作原理 155
  7.4.2 高可用虚拟 IP 应用场景 156
  7.4.3 高可用虚拟 IP 实践应用 157
小结 167
习题 167

第 8 章　云监控平台 ... 169

8.1　了解云监控 ... 169
8.2　Dashboard 应用 ... 169
8.3　主机监控 ... 174
8.3.1　插件管理 ... 174
8.3.2　进程监控 ... 180
8.3.3　报警规则管理 ... 182
8.4　事件监控 ... 184
小结 ... 188
习题 ... 189

第 9 章　云安全 ... 190

9.1　了解云安全 ... 190
9.2　云安全产品 ... 191
9.3　云防火墙 ... 191
9.3.1　界面概览 ... 192
9.3.2　流量分析 ... 195
9.3.3　攻击防护 ... 201
9.4　DDoS 攻击与防护 ... 205
9.4.1　DDoS 攻击 ... 205
9.4.2　DDoS 防护 ... 207
小结 ... 208
习题 ... 209

参考文献 ... 210

第 1 章

云计算简介

本章学习目标

◎ 了解云计算的基本概念
◎ 熟悉云计算的服务类型
◎ 了解云计算的技术与实现

近年来,我国电子商务发展规模不断扩大,质量不断提升,用户只需要通过一台计算机即可开启自己的店铺。曾经,一家互联网公司的成立必须以物理服务器为基础,现在,用户只需要通过公有云平台部署云服务器即可搭建属于自己的网站,并对其进行管理。如此一来,大大降低了用户创业的门槛,为用户增加了创业机会。这些只是云计算带来的好处之一。本章将对云计算的概念及其相关知识进行讲解,帮助读者了解云计算真面目。

1.1 云计算概念

随着我国数字经济的蓬勃发展,云计算已成为新型基础设施之一。云计算是一种基于互联网的计算模式,通过将计算资源(如服务器、存储、网络、软件等)提供给用户,以便按需使用,实现高效、灵活和可扩展的计算能力。

1.1.1 云计算的起源

互联网发展初期,网站架构十分简陋,用户可以通过简单的浏览器界面达到上网的目的,如图1.1所示。

随着计算机技术的发展与用户需求的增加,简易的网站架构无法满足日益增长的访问量与越来越多的网络文件。于是,网站管理者在原来的基础上增加了数量与功能越来越多的服务器,从而提高网站的计算能力,如图1.2所示。

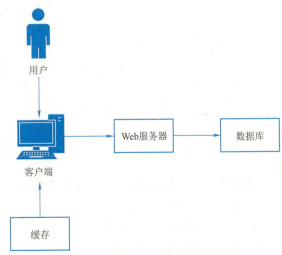

图 1.1 简易网站架构

访问量越来越大，用户需求越来越丰富，网站架构也变得越来越笨重。一个网站架构中的服务器越多，网站出现故障的概率就越大。考虑到网站可能出现的故障，需要加入一些预防故障策略，使一些服务器在发生故障时被其他服务器替代，从而不影响网站整体功能。而此类策略又将在网站架构中加入新的服务器，使架构更加庞大。周而复始，陷入一个循环当中。

这时，有人提出用一台拥有超强计算能力的计算机代替庞大又复杂的网站架构。而人类始终无法发明出这样的计算机，但人们又研究出了能够提升计算机计算能力的方式——将多台计算机连接起来，共同去完成一项任务。用户可以通过云平台管理计算机，对于用户而言，面向的就是一台拥有超强计算能力的计算机。这就是云计算的雏形，如图1.3所示。

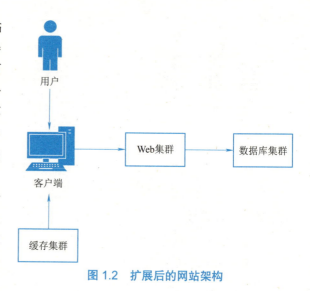

图 1.2　扩展后的网站架构

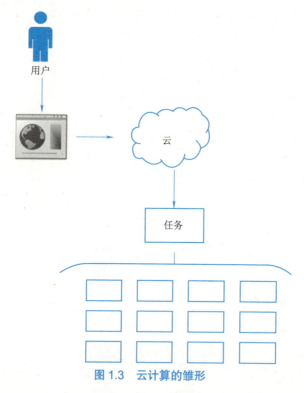

图 1.3　云计算的雏形

现如今，云计算的概念已经普及到了实际工作中，用户通过云平台能够自由且高效地构建与管理自己的网站。

在过去的几年中，云计算获得了广泛的普及。随着数据安全性的提高和重要信息的存储，云已满足业务需求。云的工作原理与基于Web的电子邮件服务相同，用于批量存储数据并在世界任何角落访问。

基于云的应用程序非常广泛,如基于阿里云的天猫和淘宝应用、基于华为云的猎聘网、基于腾讯云的大众点评应用等;国外基于云的应用程序如Amazon Web Services(AWS)、Microsoft Azure、Google Cloud Platform(GCP)等。此类应用程序托管在云服务器上,为企业和个人提供了各种各样的云计算服务。

1.1.2 云计算概述

云计算是具有广泛IT基础结构的新一代技术,它使用户可以通过网络使用云平台的应用程序作为实用程序。云计算将IT基础架构及其服务按需提供给用户。云技术包括开发平台、硬盘、计算能力、软件应用程序、数据库等,这些技术不需要大规模的资金支出即可提供访问。云促进了按使用付费,即用户只需支付少量的费用即可使用云基础架构。

在传统的IT行业,企业需要维护服务器机房,整个机房由数据库服务器、邮件服务器、防火墙、路由器、交换机、负载处理程序、运维工程师等组成。为了维护这样的IT基础架构,必须花费大量的资金。因此,为降低IT基础架构成本,云计算技术开始走进大众视野。

云的创建仍然是以物理设施为基础的,将物理设施进行虚拟化,通过管理划分虚拟化资源,在上层形成所谓的"云",如图1.4所示。

图 1.4 云计算结构

由图1.4可知,云计算将物理资源虚拟为各类资源池,如计算资源池、存储资源池、网络资源池、数据资源池等。通过用户管理、资源管理、安全管理等一系列管理中间件对资源池划分管理,实现提供服务的SOA体系结构。SOA体系结构,即面向服务架构,它将应用程序的不同单元进行拆分,并通过不同接口与协议连接起来,为用户提供服务。

云计算技术在部署系统的方式上带来了技术范式的转变。互联网的发展趋势以及一些大型企业的成长推动了大规模的云计算技术的发展。云计算通过"现收现付",无限规模的体系结构以及可高速、高精度提供的通用系统的概念使用户轻松构建网站。

在云上，企业或个人可以在短时间内开始创建并发展自己的网站。云计算采用类似于互联网世界的服务、应用程序和技术，并将它们转换为自助服务实用程序。

1. 按需计算和自助服务设置

开发人员无须等待新服务器交付到私有数据中心，而可以在云平台上选择所需的资源和工具并立即进行网站构建。云平台管理员会配置相关策略，以保证服务的可靠性，在策略允许范围内用户可自由构建、测试与部署应用程序。

2. 资源池

用户在云上的资源是从硬件与底层软件中抽象出来的，所以随着公有云用户的增多，云厂商越来越依赖硬件与抽象层来提高云上服务的安全性与访问速度。

3. 可伸缩性和快速弹性

用户需要时可在资源池中获取资源，不需要时可将资源释放到资源池中，并且整个过程十分便捷，因此，资源池的存在为云上资源提供了可伸缩性与快速弹性。具备了可伸缩性与快速弹性的云上资源可以被用户进行垂直或水平扩展，同时云厂商提供了自动化软件为用户处理动态扩展内容。

对于传统的本地架构，扩展的过程比较烦琐且漫长。在日常生活中，网站在淡季与旺季的访问量存在较大差异。旺季来临之前，企业需要扩展架构来应对大量的访问。旺季结束之后，企业需要减少服务器以避免不必要的资源支出，而这些空闲的服务器本身需要投入大量的成本。

4. 按使用计费

云厂商提供了按使用计费的支付标准，用户使用多少资源就按照收费标准支付该部分资源的费用。

5. 实测服务

无论是云厂商还是用户，都需要实时获取服务使用情况。用户需要实时获取服务的使用情况，以便在必要时对架构进行扩展。云厂商在获取了服务的实时使用情况后，能够更加了解用户的需求，从而不断改善所提供的服务。

6. 弹性和可用性

云厂商通过多种技术手段来防止单点故障，以便为用户提供更优质的服务。构建云平台的基础设施存在于不同的可用区，每个可用区通过冗余网络连接相对较近的其他可用区，所以用户还可以跨可用区进行扩展工作，从而达到异地容灾的目的。

1.1.3 云计算部署模型

目前，世界范围内传统计算设备远远超过云端的计算设备，这些传统的计算设备由于没有共享，因此很多计算产能被浪费。

通过云计算，提供商把计算资源转化为服务产品并销售给用户，服务产品有别于其他有形产品（如空调、桌子、图书等），于是人们提出了云计算的多种部署模型。

下面介绍4种云计算部署模型。

1. 公有云

公有云是一种云托管，企业或个人可以将服务托管到云平台，并通过云平台对服务进行管理，如图1.5所示。

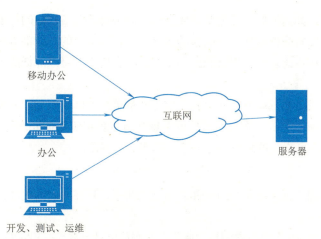

图 1.5 公有云

公有云提供商不仅为用户提供托管服务，还提供了其他能够满足用户不同需求的服务，例如防火墙类服务、安全检测类服务、存储类服务等。目前国内常见的公有云提供商有阿里云、华为云、腾讯云、百度云、青云等。相较于使用物理服务器，使用云服务器是更加实惠的选择。

公有云可轻松允许其客户/用户访问系统及其服务。提供公有云功能的公司包括IBM、Google、Amazon、Microsoft等。这种类型的云计算是云托管的真实样本，服务提供商可以在其中向各种客户端提供服务。从技术角度来看，私有云和公有云在结构设计方面差异最小，仅安全级别取决于服务提供商和所使用的云客户端的类型，公有云更适合用于管理负载的业务目的。由于减少了资金开销，所以这种类型的云很经济。

2. 私有云

私有云是为特定用户专门建立的云托管平台，只能由特定用户访问与管理。私有云可以由企业自己建立，也可以由云厂商建立。通常企业在拥有自己的基础设备后才能够建立私有云，基础设备也是由自身维护。相较于公有云，私有云的安全性更高一些。

私有云又称"内部云"，它允许在特定边界或组织内访问系统和服务。该云平台是在基于云的安全环境中部署的，该环境由高级防火墙保护，并由属于特定组织的IT部门监视。私有云仅允许授权用户使用，从而增强了企业对数据及其安全性的控制力。通常，具有动态、安全等需求的企业适合应用私有云。

3. 混合云

混合云是一种集成的云计算类型，它由两种或多种云服务组成，但它是一种独立的云计算部署模型，如图1.6所示。

由图1.6可知，混合云可以包含多种云计算部署模型，通过多种云计算部署模型的配合能够满足用户的不同需求。私有云的安全性是公有云所不及的，而公有云的计算资源又是私有云没有的。混合云的出现能够很好地解决以上矛盾，能够扬长避短。因此，相较于公有云与私有云，混合云是一个比较完善的云部署方案。私有

图 1.6 混合云

云的扩展能力比较有限，如需扩展，还需要硬件支持。而公有云具备较强的扩展能力，通过云平台能够迅速得到扩展。用户可以将非机密性的功能移动到公有云，而机密的功能部署在私有云。创建私有云的成本比较高，公有云的成本比较低，将公有云与私有云组合使用既可以降低成本，又可以保证核心数据的安全性。

混合云可以是两个或更多云服务器的组合，但仍然是单个实体。例如，开发和测试工作负载之类的非关键任务可以使用公有云完成。相反，敏感的关键任务（如组织数据处理等）可以使用私有云完成。混合云的诞生跨越了云与云之间的隔离并克服了云提供者的界限。

4. 社区云

社区云服务在属于同一社区的各个组织和公司之间共享，存在共同的关注点，可以由第三方或内部管理。

云端资源专门给固定的几个单位内的用户使用，这些单位对云端具有相同的诉求（如安全要求、云端使命、规章制度、合规性要求等）。云端的所有权、日常管理和操作的主体可能是本社区内的一个或多个单位，也可能是社区外的第三方机构，还可能是二者的联合。云端可能部署在本地，也可能部署于他处。

社区云减少了成本压力、安全问题、技术复杂性以及缺少特定服务。社区云本质上具有很大的适应性，因此迁移过程非常缓慢。此外，数据中心中有越来越多的可用资源，并且可以在许多级别上进行迁移。

社区云具有很高的可扩展性和灵活性，因为它几乎与每个用户兼容，并且可以根据自己的需求进行修改。

社区云包含了云上的所有系统、应用程序和数据，节省了运维人员的时间，提升了工作效率。此外，社区云供应商还能够为用户处理计算机代码的更新，确保其及时更新到最新版本。

1.2 云服务类型

云计算可以识别在线的数据存储、处理、分析和其他服务的在线交付，对于用户而言，无须依赖本地硬件。此外，可以基于云服务的业务模型、功能和计费系统对其进行区分。

根据NIST的权威定义，云计算有基础架构即服务（IaaS）、平台即服务（PaaS）和软件即服务（SaaS）三大服务模式。这是目前被业界最广泛认同的划分。PaaS和IaaS可以直接通过SOA/Web Services向平台用户提供服务，也可以作为SaaS模式的支撑平台间接向最终用户服务。

1.2.1 基础架构即服务

基础架构即服务（IaaS）是即时计算基础架构，可通过互联网服务管理和监视，如图1.7所示。

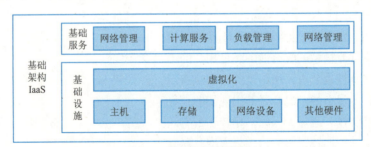

图1.7 基础架构即服务

基础架构即服务可以根据需求进行修改，客户只需为使用的商品付费。IaaS可以根据需求进行扩展和缩减，因此客户无须支付任何额外费用。

IaaS为企业提供了现成的IT基础架构，如开发环境、专用网络、安全数据存储、开发工具、测试工具、功能监视等。企业无须构建和保护自己的IT基础架构，而是借助第三方服务器和云备份存储设备支撑整个开发过程。消费者不管理或控制任何云计算基础设施，但能控制操作系统的选择、存储空间、部署的应用，也有可能获得有限制的网络组件（如防火墙、负载均衡器等）的控制。

公有云服务提供商拥有海量的物理服务器，大规模的网络带宽和稳定的机房环境。仅仅通过人工方式来管理这些海量的物理服务器是不现实的，所以云厂商通过IaaS软件实现自动通过网络管理物理服务器的配置和运行。

1.2.2 平台即服务

平台即服务（PaaS）是提供对开发工具、API和部署工具的访问的软件。它允许客户通过应用程序提供的平台减少维护的复杂性来开发、运行和管理应用程序。用户可以访问虚拟开发环境和云存储，在其中构建、测试和运行应用程序，如图1.8所示。

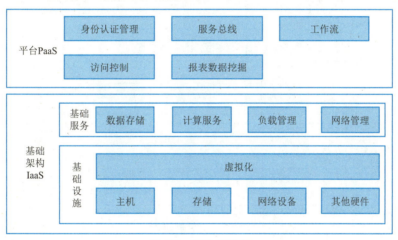

图 1.8 平台即服务

PaaS支持从简单的基于云的应用程序交付到更高的支持云的应用程序。用户可以按需付费，从云服务提供商处购买资源，这些资源可通过互联网访问。

平台即服务不仅包括服务器、存储和网络，还包括数据库、工具、业务服务等。它可以执行应用程序的构建、测试、部署、管理和修改。

PaaS将用户使用的开发环境部署到云计算基础设施上。用户不需要管理或控制底层的云基础设施，但客户能控制部署的应用程序，也能控制运行应用程序的托管环境配置。PaaS为了托管客户的应用程序，提供了其他与应用程序相关联的功能，如网络、服务器、存储、操作系统、数据库等。客户可以使用云厂商提供的配置来协助软件的部署。PaaS作为个人服务软件，位于防火墙之后。

借助平台即服务，公司可以通过监视客户需求来分析数据。借助PaaS框架，开发人员可以构建基于云的应用程序。PaaS层的一些内置软件可以支持客户构建自己的应用程序，并增强应用程序的可扩展性和高可用性，节省成本。

平台即服务为开发人员提供了一个创建、托管和部署应用程序的环境。云厂商通过配置与管理云上资源来消除环境部署的复杂性。这使得用户可以更专注于应用程序的开发而无须考虑环境相关问题。

1.2.3 软件即服务

软件即服务（SaaS）是一个Web平台，可为用户提供基于订阅的云计算访问，如图1.9所示。

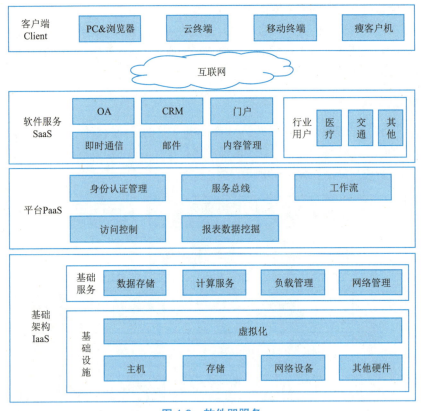

图1.9 软件即服务

SaaS无须像软件产品那样一次性购买解决方案，而是像服务一样连续交付软件，所以，它也被称为"按需软件"或"按需付费"应用程序。SaaS市场是一个快速增长的市场，借助这一快速增长的服务，SaaS很快将成为每个组织和公司常用的云服务技术。

在软件即服务中，云服务由第三方通过互联网提供，提供的软件基于订阅，并集中托管。它是许多业务应用程序（如办公软件、消息传递软件、工资核算处理软件等）的通用交付模型之一。SaaS的应用程序又称托管软件、按需软件和基于Web的软件。

在SaaS模式下，软件使用者无须购置额外硬件设备、软件许可证及安装和维护软件系统，通过互联网浏览器在任何时间、任何地点都可以轻松使用软件并按照使用量定期支付使用费。

SaaS为用户提供了运行在云计算基础设施上的应用程序，用户可以在各种设备上通过客户端界面访问，而不需要管理或控制任何云计算基础设施。软件即服务提供的服务具有良好的可扩展性，可以根据客户的需求向他们提供各种功能。SaaS应用程序可以在任何地方通过网络访问，相较传统服务更灵活。

与IaaS、PaaS相同，SaaS应用程序也支持现收现付，能够有效降低成本。在"软件即服务"中，所有客户都使用具有单一配置的应用程序。这些应用程序具有可伸缩性，可以一次安装在多台计算机上。

SaaS服务提供商为中小企业搭建信息化所需要的所有网络基础设施及软件、硬件运作平台,并负责所有前期的实施、后期的维护等一系列服务,企业无须购买软硬件、建设机房、招聘IT人员,只需前期支付一次性的项目实施费和定期的软件租赁服务费,即可通过互联网享用信息系统。服务提供商通过有效的技术措施,可以保证每家企业数据的安全性和保密性。企业采用SaaS服务模式在效果上与企业自建信息系统基本没有区别,但节省了大量用于购买IT产品、技术和维护运行的资金,且像打开自来水龙头就能用水一样,方便地利用信息化系统,从而大幅度降低了中小企业信息化的门槛与风险。

对企业来说,SaaS大致具有以下优势:

①从技术方面来看:企业无须配备IT方面的专业技术人员,同时又能得到最新的技术应用,满足企业对信息管理的需求。

②从投资方面来看:企业只需要以低廉的"月费"方式投资,不需要一次性投入大量成本,不占用过多的营运资金,从而缓解小型企业资金不足的压力。无须考虑成本折旧问题,并能及时获得最新硬件平台及最佳解决方案。

③从维护和管理方面来看:由于企业采取租用的方式进行物流业务管理,不需要专门的维护和管理人员,也不需要为维护和管理人员支付额外费用。很大程度上缓解企业在人力、财力上的压力,使其能够集中将成本投入到核心业务中。

2003年后,随着美国Salesforce、WebEx Communication、Digital Insight等企业SaaS模式的成功,众多国内厂商也开始涉足该领域,如八百客、Xtools、美髯公、金碟、用友、阿里巴巴等。另外,SaaS本身也在细化和发展,除了CRM之外,ERP、eHR等其他系统也都开始SaaS化。

1.2.4 云服务类型对比

在原始的平台上,用户需要部署与维护自己的基础设施,搭建平台,以及开发软件。在IaaS中,基础设施的部署与维护由卖方托管,用户需要做的是搭建平台与开发软件。在PaaS中,基础设施与平台由卖方托管,用户只需要开发与维护上层应用即可。而在SaaS中,基础设施、平台与软件应用都由卖方提供,用户只需要管理软件应用。原始平台、IaaS、PaaS与SaaS之间的区别,如图1.10所示。

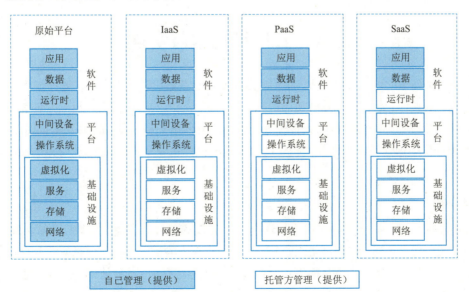

图 1.10 原始平台、IaaS、PaaS 与 SaaS 之间的区别

IBM的软件架构师Albert Barron曾经使用比萨作为比喻，用于解释原始平台、IaaS、PaaS与SaaS之间的关系。

方案一：由用户全部自己做，从准备厨房、烤炉等基础设施开始，到准备食材，再到做出比萨卖给顾客。

方案二：由供应商提供厨房、烤炉等基础设施，用户需要准备食材、制作并卖出比萨。

方案三：除了基础设施，供应商还提供食材，由用户设计比萨的口味，并制作卖出比萨，即在已有的平台上设计产品。

方案四：供应商直接将做好的比萨提供给用户，用户只需要将比萨卖出。

上述4种方案分别对应了原始平台、IaaS、PaaS与SaaS，如图1.11所示。

图1.11 做比萨的4种方案

1.3 云计算技术与实现

云计算是一种新型的业务交付模式，同时也是新型的IT基础设施管理方法。通过新型的业务交付模式，将处于底层的硬件、软件、网络资源等进行优化，并以业务的形式提供给用户。新型的IT基础设施管理方法将海量资源作为一个统一的大资源进行管理，使云厂商在大量增加资源的同时，只需增加少量的工作人员进行维护管理。云计算的相关技术有：虚拟化、分布式文件系统、分布式存储与分布式计算。

1.3.1 虚拟化

在计算机技术中，虚拟化（Virtualization）是一种资源管理技术。虚拟化的目的是在同一台主机上运行多个系统或应用，从而达到提高资源的利用率，节约成本的目的。将单台服务器中的各种资源，如网络、存储、CPU及内存等，整合转换为一台或多台虚拟机后又可以单独使用，使用户可以从多个方面充分利用计算资源，如图1.12所示。

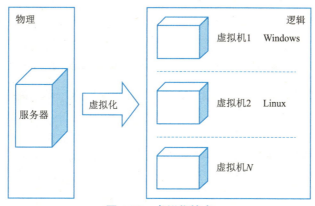

图 1.12　虚拟化技术

由图1.12可以看出，一台物理机可以拥有多台虚拟机，而这些虚拟机都是基于物理机运行。其中，物理机称为虚拟机的宿主机，只要它处于正常运行状态，就可以一直承载虚拟机的运行。由于虚拟机是基于物理机运行，硬件设备都是共享的，在创建多台虚拟机时，也要考虑到物理机的配置是否能够承载足够数量的虚拟机。

虚拟化的主要目标是通过从根本上改造传统计算以使其更具可伸缩性来管理工作负载。数十年来，虚拟化一直是IT领域的一部分，如今，它可以应用于广泛的系统层，包括操作系统级虚拟化、硬件级虚拟化和服务器虚拟化。

虚拟化的最常见形式是操作系统级虚拟化。在操作系统级虚拟化中，可以在单个硬件上运行多个操作系统。虚拟化技术涉及通过使用软件模拟硬件来分离物理硬件和软件。当通过虚拟化在主系统之上运行虚拟系统时，这些虚拟系统就是虚拟机。

虚拟机是物理计算机上的数据文件，就像普通数据文件一样，该文件可以移动并复制到另一台计算机上。虚拟环境中的计算机使用两种类型的文件结构：一种定义硬件，另一种定义硬盘。虚拟化软件或虚拟机管理程序提供了缓存技术，可用于更改缓存到虚拟硬件或虚拟硬盘上。

虚拟化支持硬件分区，使多个操作系统可以在物理机上运行，管理者可在虚拟机（VM）之间分配系统资源。虚拟机技术允许在文件中记录虚拟机的完整状态，从而能够以当前的状态将它们移动或复制到其他物理服务器。

硬件虚拟化是将宿主机的硬件进行虚拟化，使硬件对用户进行隐藏，并将虚拟化的硬件呈现于用户面前，如图1.13所示。

图1.13中所示的硬件并非真实的物理硬件，而是通过虚拟化技术虚拟出来的，与虚拟机一样都是基于物理机硬件。虚拟机的运行需要考虑物理机硬件的配置，例如，将物理机中的网卡取出，在虚拟机设置中是无法添加网卡的，但只要物理机中有网卡，虚拟机中就可以添加多个网卡。再例如物理机的内存有16 GB，用户直接给虚拟机配置16 GB，这样也是无法实现的，因为物理机的运行也需要消耗内存。

虚拟化可以分为不同的层，如桌面、服务器、文件、存储、网络等。虚拟化的每一层都有其自身的优势和复杂性。虚拟化技术本身具有许多优势，包括低成本或无成本部署，充分利用资源，节省运营成本与节约电力。

图 1.13　硬件虚拟化

（1）操作系统虚拟化

操作系统虚拟化（OS虚拟化）是一种完全基于服务器和操作系统的云计算技术，通过将操作系统内核虚拟化，在服务器和操作系统中，多个用户同时使用单个系统处理不同的应用程序。

操作系统虚拟化是对操作系统本身的虚拟化，宿主机提供一组彼此隔离的用户空间，应用在每个用户空间中运行，形成一个个独立的主机。操作系统虚拟化需要依赖可以创建与隔离用户空间的系统内核，其最大的优势是成本低，只需要共享宿主机的资源即可拥有多个主机。

（2）桌面虚拟化

桌面虚拟化是指将计算机的终端系统（桌面）进行虚拟化，使桌面具备安全性与灵活性。用户可在任何地点、任何时间，使用任意设备通过网络访问虚拟桌面，如图1.14所示。

桌面虚拟化允许管理员或自动管理工具一次性在多台物理机上部署模拟桌面环境。这样，用户无须在每台新的计算机上安装、配置和更新桌面，而是通过大规模复制，将桌面部署到每台计算机上。而安装、配置、更新桌面的过程仅需要执行一次。

传统的PC由于产品和架构本身的问题，一直存在故障率高、运维管理效率低等问题，尤其是在中大型集中式应用场景，运维管理效率提升是云桌面相较于传统方式十分突出的优势。

云桌面采用数据集中式的存储方式和终端行为管控，可以有效防止数据泄露，对于涉密等级要求较高的行业来说尤为重要。

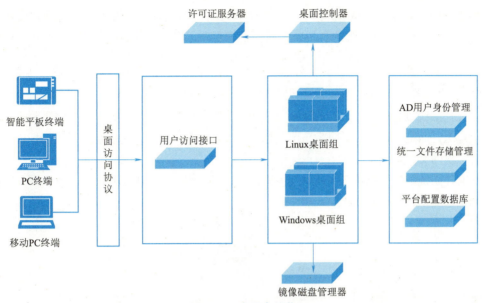

图 1.14 桌面虚拟化

性价比是用户选择的重要判断依据,对于云桌面建设而言成本既包括前期的建设成本,也包括后期的使用成本(如电费、运维管理费等)。而使用云桌面需要的成本相较于传统方式的十分低廉。

近年来云计算技术越来越多地应用于各类场景,依托虚拟化技术的云桌面技术也正在被更多的用户接受和认可,目前政府部门以及医疗、教育等行业也正在积极地探索和尝试通过云桌面的方式替换传统PC。目前市面上主流的桌面虚拟化技术包括VDI、IDV、VOI、RDS等。

(3) 网络虚拟化

网络虚拟化通常是指在一个物理网络中模拟出多个逻辑网络。

网络虚拟化技术通过网络虚拟层来管理路由、IP等网络信息,而用户本身无须关心底层基础设备。底层基础设备只提供最基本的功能,更加复杂的功能由网络虚拟层实现。很多网络信息都被抽象到了虚拟网络层,用户只需要通过虚拟网络层实现对网络的高效管理。

网络虚拟化技术将物理网络复制到网络虚拟层,并且具备与物理网络相同的服务和逻辑设备,如交换机、路由器、防火墙等。基于一个物理网络,通过网络虚拟化技术能够创建多个虚拟网络,相较于传统的网络部署,虚拟网络的部署节省了物理组件,提升了部署网络的速度。

软件运行的网络环境所需的功能配置都可以由软件虚拟交换层的API提供。用户大多数对网络的配置都只需要在虚拟网络层完成,物理网络通常只提供包转发功能。

(4) 服务器虚拟化

服务器虚拟化通过将一台物理机中的硬件进行划分,形成多个虚拟主机,这些虚拟机互不干涉,可以分别执行不同的任务。用户可在虚拟机中直接管理其硬件,但这些硬件是根据物理硬件虚拟出来的,真正执行任务的也是物理硬件。

虚拟化是资源的逻辑表示,而不受物理限制的约束。虚拟化技术的实现形式是在系统中加入一个虚拟化层,将下层的资源抽象成另一种形式的资源,提供给上层使用。

服务器虚拟化技术使服务器物理资源抽象成逻辑资源,让一台服务器变成多台相互隔离的虚拟服务器，用户不再受限于物理上的界限。其具体实现方式是将CPU、内存、磁盘、I/O等硬件变成可以动态管理的"资源池"，从而提高资源的利用率，简化系统管理，实现服务器整合，让IT对业务的变化更具适应力。

1.3.2 分布式文件系统

分布式文件系统（Distributed File System，DFS）是指文件系统管理的物理存储资源不一定直接连接在本地节点上，而是通过计算机网络与节点相连；或是多个不同的逻辑磁盘分区或卷标进行组合，形成完整的有层次的文件系统。

分布式文件系统解决了海量文件存储及传输访问的瓶颈问题，实现了对海量视频、图片等静态文件的管理，如图1.15所示。

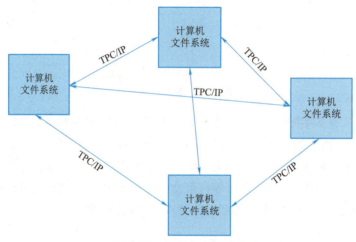

图 1.15 分布式文件系统

随着文件数据越来越多，单一的服务节点的存储空间无法承载大量的文件，而用多个节点存储文件不利于管理与维护，所以分布式文件系统的诞生就是为了解决这一系列问题。

分布式文件系统是一个允许文件通过网络在多台节点上共享的文件系统，多台计算机节点共同组成一个整体，为更多的用户提供分享文件和存储空间。例如网盘，其底层是一个分布式的文件存储系统。

分布式文件系统可以提供冗余备份，所以容错能力很高。如果系统中某一节点故障，整体的文件服务不会停止，数据也不会丢失。分布式文件系统的可扩展性较强，增加或减少节点都很简单，不会影响线上服务。

1.3.3 分布式存储

分布式存储系统是将数据分散地存储到多个不同的设备。

在单机存储系统中，通常会使用磁盘阵列（Redundant Array of Independent Disks，RAID）技术，把相同的数据存储于多个硬盘。数据可以通过磁盘阵列控制程序均匀分布在多个硬盘上，实现负载均衡，并通过冗余来保障可靠性。类似单机挂载多个磁盘，源数据与备份数据在磁盘阵列上能够轻易地保持一致。

分布式存储是相对于单机存储而言的，因为在互联网时代单机已经难以存储庞大的数据。分布式存储作为一种服务面向各种不同的数据存储需求。

分布式存储系统可以通过集群方式增强系统扩展能力，通过软件对单机服务器进行管理，从而增强集群的容错能力。

1.3.4 分布式计算

分布式计算的目的是通过分布式系统进行相对复杂的计算任务。在面对一些需要巨大算力才能完成的任务时，用户通常会使用分布式计算，将整个任务分割为多个小任务，分发给分布式系统中的每个计算机。在整个计算过程中，分布式系统中的每个计算机只完成简单的任务。计算完成后，分布式系统将每个计算机的计算结果收集并组合成为最终的计算结果。

分布式系统中的组件位于不同的计算机上，它们之间通过消息传递进行交流、协作，最终实现一个共同的目标。

在分布式系统中运行的计算机程序称为分布式程序。在分布式系统中，实现消息传递的机制很多，如HTTP、类RPC连接器、MOM等。

小　　结

本章主要讲解了云计算的起源、云计算的概念、云计算的部署模型、云服务类型以及云计算的技术与实现。通过对本章的学习，希望读者能够熟悉云计算的概念、熟悉云服务类型、明白云计算的技术与实现，从而了解到云计算的真正面目。本章内容主要适用于帮助读者打开云计算的大门，对后边章节中公有云的应用起到铺垫作用。

习　　题

一、填空题

1. 云计算是具有广泛IT基础结构的最新一代技术，它提供了一种途径，使用户可以通过网络使用_____的应用程序作为实用程序。
2. _____是一种云托管，企业或个人可以将服务托管到云平台，并通过云平台对服务进行管理。
3. _____是为特定用户专门建立的云托管平台，只能由特定用户访问与管理。
4. _____是一种集成的云计算类型，它是两种或多种云服务的组合，也是一种独立的云计算部署模型。
5. _____服务在属于同一社区的各个组织和公司之间共享，存在共同的关注点，可以由第三方或内部管理。

二、选择题

1. 下列选项中，不属于云计算部署类型的是（　　）。
   A. 公有云　　　　　　　　　　　　B. 阿里云
   C. 私有云　　　　　　　　　　　　D. 社区云

2. 下列选项中，不属于云服务类型的是（　　）。
   A. SaaS　　　　　　　　　　B. NaaS
   C. IaaS　　　　　　　　　　D. PaaS

3. 下列选项中，只能由特定用户访问与管理的是（　　）。
   A. 公有云　　　　　　　　　B. 阿里云
   C. 私有云　　　　　　　　　D. 社区云

4. 下列选项中，服务在属于同一社区的各个组织和公司之间共享，存在共同的关注点，可以由第三方或内部管理的是（　　）。
   A. 公有云　　　　　　　　　B. 阿里云
   C. 私有云　　　　　　　　　D. 社区云

5. 下列选项中，表示平台即服务的是（　　）。
   A. SaaS　　　　　　　　　　B. NaaS
   C. IaaS　　　　　　　　　　D. PaaS

三、思考题

1. 简述当前云计算部署的各个模型以及它们的区别。
2. 简述当前云服务的各个类型以及它们的区别。

第 2 章 公有云选型

本章学习目标
◎ 了解当前主流的云平台
◎ 熟悉云平台的产品类型
◎ 了解各公有云平台的特点

曾经国内的生产环境需要借鉴国外的先进技术，如今在众多领域里国内已经拥有了自己的创新技术。曾经亚马逊中国是国内最大的云服务厂商，如今大批国内云服务厂商崛起，逐渐替代了曾经的亚马逊中国。不同的云服务厂商根据用户的不同需求也推出了不同的云产品，各类云产品也随着IT技术的迭代而进行不断更新。本章将对当前国内常见的云服务厂商及其云产品进行讲解。

2.1 分析需求

在企业上云之前，需要就当前的需求进行分析，明确需要的云服务的规模。

2.1.1 网站基本情况

网站的基本情况大致如下：

1. 网站类型

用户需要明确网站是以静态为主还是动态为主，以及需要使用的网站程序、运行环境需求。在公有云平台上，一些常用环境已经配置完成，用户直接使用即可。

2. 网站访问量

网站的日均访问人数与同时在线人数基本决定了网站的规模大小。一些网站平时的访问量与节假日或特殊节日有很大差距，为应对这种情况，用户可在高峰期之前增加部署服务器，前提是企业能够预判到访问高峰期的来临。

3. 网站数据量

网站的运行会不断产生数据，用户可根据当前拥有的数据量与每日新增的数据量选择相应规格的服务器。

4. 目标用户

云服务基础设施遍布多个地区，企业需要明确自己的目标用户所在的地域，从而选择离目标用户更近地区的云服务器。

2.1.2 云服务器规格

1. CPU
在CPU选择方面,如果网站访问量较大,动态页面较多,建议选择2核以上的CPU。

2. 内存
内存越大,可用的缓存越大,打开文件的速度也就越快,但产生的费用也会越高。

3. 硬盘
硬盘的选择与网站的数据量相关,建议在存储现有数据的基础上预留一部分存储空间。

4. 带宽
带宽越高,相对的访问速度会越快,能够支持的并发量也越高,但太高的带宽可能会使云服务器其他硬件成为瓶颈,造成带宽浪费。所以选择带宽时,需要考虑是否与云服务器的其他硬件相匹配。

5. 操作系统
Windows系统能够更好地支持ASP程序,但占用内存较多;Linux系统能够更好地支持PHP程序,更加节省内存。通常公有云平台提供了多种Linux的发行版供用户选择。

6. 地域与可用区
云服务器的基础设施分布在多个不同的地域,而每个地域的基础设施又分布在多个可用区。用户可根据目标用户所在地的不同选择不同的地域,也可以通过在不同的地域或可用区部署云服务器达到异地容灾的目的。

7. 购买时长
云服务器的购买时长也决定着最终产生的费用,公有云厂商通常会提供包年或包月的付费方式,购买的时间越长越划算。如果只需要在短时间内使用云服务器,用户可以选择按量付费的支付方式,更加节约成本。

8. 售后服务
在云服务器故障时,需要及时修复,否则可能给企业带来经济损失,所以建议用户选择能够提供7×24小时售后服务的云厂商。

2.2 常见的云厂商

现如今,国内云厂商如雨后春笋般迅速发展,形成了相互竞争的趋势,见表2.1。

表 2.1 2020 年上半年中国金融云(平台)解决方案市场份额

云厂商	市场份额
阿里巴巴	27.7%
华为	13.2%
腾讯	12.7%
百度	12.2%
京东数科	9.5%
其他	24.7%

由表2.1可知,当前国内市场份额占据较多的是国内的一些大型互联网企业。

下面介绍国内常见的云厂商。

1. 阿里云

阿里云（阿里巴巴云计算技术有限公司）创立于2009年，是全球领先的云计算及人工智能科技公司之一，为用户提供安全、可靠的计算和数据处理能力。

飞天（Apsara）是由阿里云自主研发、服务全球的超大规模通用计算操作系统，能够提供强大的计算能力。依托于飞天操作系统，阿里云提供包括云计算基础、安全、大数据、人工智能、物联网、开发与运维、企业应用等服务，同时提供包括专有云平台Apsara Stack企业版、敏捷版、大数据版、敏捷PaaS在内的通用解决方案。

2. 华为云

华为云成立于2011年，隶属于华为技术有限公司，专注于公有云领域的技术研究与生态拓展，为用户提供一站式云计算基础设施服务。

华为云通过Web平台以自助式服务的方式向用户提供云计算IT基础设施服务。用户可在云平台根据业务的实际变化使计算资产进行弹性伸缩，根据具体需求获取相应的资源，从而有效降低成本。

3. 腾讯云

腾讯云是腾讯集团打造的云计算品牌，为开发者及企业提供云服务、云数据、云运营等整体一站式服务方案。

腾讯云提供包括云计算基础、安全、大数据、人工智能、企业应用、行业应用等服务，同时提供私有云平台TStack、专有云平台TCE、混合云在内的通用解决方案。

腾讯云依托于腾讯在社交、游戏、直播等互联网行业客户中的较深影响力，提供整套行业和技术解决方案，解决方案涵盖游戏、金融、教育、大数据、智慧零售、小程序等领域，帮助用户安全高效上云。

2.3 常见的云产品

2.3.1 云产品类型

云厂商通过云平台向用户展示不同的云产品，不同的云产品能够应对不同的应用场景。云产品分为不同的类型与规格。下面讲解云计算基础产品中常用的类型。

1. 弹性计算

弹性计算的目的是使用户可以随时随地轻松扩展和缩减计算资源。云厂商通常都提供了弹性计算，用户可灵活配置计算资源。

弹性计算中通常包括云服务器、容器服务、弹性编排等服务，其中云服务器是比较廉价的，也是公有云最基础的服务之一。云服务器中包括轻量应用服务器、GPU云服务器、弹性裸金属服务器等。轻量服务器提供了基于单台服务器的应用部署、安全管理、运维监控等服务。GPU云服务器提供了强大的GPU算力，适用于深度学习、科学计算、图形可视化等场景。弹性裸金属服务器既具备物理服务器的安全隔离性能，又可以弹性伸缩。

2. 存储服务

通过存储服务，云厂商向用户提供存储数据的空间，用户可随用随取。公有云存储服务通常包括块存储、对象存储、文件存储、日志服务等。其中，块存储为云服务器提供了低延时、持久性、高可靠的数据块随机存储；对象存储为用户提供了安全、低成本、高可靠的云存储服务，能够面向海量数据量；文件存储提供了可共享访问、可弹性扩展的高性能分布式文件系统；日志服务能够帮助用户快速收集、清洗、分析日志数据，并提供可视化与告警功能。

3. 数据库

大部分云厂商都提供了云数据库服务，用户可通过云平台管理自己的数据库。通常云数据库服务包括关系型数据库、数据库集群、非关系型数据库、数据库工具等。其中，关系型数据库与非关系型数据库分为多个版本，通常按照市场上常用的数据库应用划分。数据库集群是为大中型企业定制的数据库优化方案，以云上集群的方式给用户提供数据库服务。

4. 安全

如今云上业务已经初具规模，安全问题亟须重视起来。云厂商通过一些云上安全措施初步保障用户的云上资产安全，如果用户对云上资产的安全性要求较高，可单独购买安全性能更高的产品。

云厂商通常针对云服务器、身份管理、数据安全等方面提供安全服务。针对云服务器的安全服务包括DDoS防护、Web防火墙、SSL证书、云防火墙、堡垒机等。其中，DDoS防护是专门针对DDoS攻击的防护服务；Web防火墙是对网站或App业务的流量进行识别与防护的服务；SSL证书能够提供安全的访问连接，即HTTPS服务；云防火墙是一款基于云的防火墙。

5. 网络

云上网络也可以通过云平台进行管理，并且云厂商也提供了多种相关产品，例如专有网络、网关、负载均衡等。其中，专有网络能够帮助用户创建一个隔离的网络环境；网关可以为用户提供一个公网流量的入口；负载均衡通过网络进行流量分发提升应用系统的服务能力，并消除单点故障。

2.3.2 阿里云云产品

阿里云云产品分为不同类型，下面介绍常用的阿里云云产品。

1. 弹性计算

（1）云服务器ECS

云服务器（Elastic Compute Service，ECS）是一种弹性可伸缩的计算服务，帮助用户降低IT成本，提升运维效率，使用户更专注于核心业务创新。

（2）弹性裸金属服务器

弹性裸金属服务器（ECS Bare Metal Instance）是一种可弹性伸缩的高性能计算服务，计算性能与传统物理机无差别，具有安全物理隔离的特点，分钟级的交付周期将提供实时的业务响应能力，助力核心业务飞速成长。

（3）轻量应用服务器

轻量应用服务器（Simple Application Server）是可快速搭建且易于管理的轻量级云服务器；提供基于单台服务器的应用部署、安全管理、运维监控等服务，一站式提升服务器使用体验和效率。

（4）GPU云服务器

GPU云服务器是基于GPU应用的计算服务，多适用于AI深度学习、视频处理、科学计算、图形可视化等应用场景。

(5) 容器服务

①容器服务ACS。容器服务提供高性能可伸缩的容器应用管理服务，支持用Docker和Kubernetes进行容器化应用的生命周期管理，提供多种应用发布方式和持续交付能力并支持微服务架构。容器服务简化了容器管理集群的搭建工作，整合了阿里云虚拟化、存储、网络和安全能力，打造云端最佳容器运行环境。

②容器服务ACK。容器服务Kubernetes版（即ACK）提供高性能可伸缩的容器应用管理能力，支持企业级Kubernetes容器化应用的全生命周期管理。容器服务Kubernetes版简化集群的搭建和扩容等工作，整合阿里云虚拟化、存储、网络和安全能力。

③容器镜像服务ACR。容器镜像服务（Container Registry）提供安全的镜像托管能力，稳定的国内外镜像构建服务，便捷的镜像授权功能，方便用户进行镜像全生命周期管理。容器镜像服务简化了镜像仓库的搭建运维工作，支持多地域的镜像托管。

2. 存储服务

(1) 对象存储OSS

对象存储OSS是海量、安全、低成本、高可靠的云存储服务。使用RESTful API可以在互联网任何位置存储和访问，容量和处理能力弹性扩展，多种存储类型供选择以便全面优化存储成本。

(2) 块存储

块存储是为云服务器ECS提供的低时延、持久性、高可靠的数据块级随机存储。块存储支持在可用区内自动复制数据，防止意外硬件故障导致的数据不可用，保护业务免于组件故障的威胁。就像对待硬盘一样，用户可以对挂载到ECS实例上的块存储做分区、创建文件系统等操作，并对数据持久化存储。

(3) 文件存储NAS

阿里云文件存储NAS是一个可共享访问、弹性扩展、高可靠、高性能的分布式文件系统。它基于POSIX文件接口，天然适配原生操作系统，提供共享访问，同时保证数据一致性和锁互斥。

3.CDN 与边缘

(1) CDN

CDN将源站内容分发至最接近用户的节点，使用户可就近取得所需内容，提高用户访问的响应速度和成功率。解决因分布、带宽、服务器性能带来的访问延迟问题，适用于站点加速、点播、直播等场景。

(2) 安全加速SCDN

安全加速SCDN旨在为网站做加速的同时，防护DDoS、CC、Web应用攻击、恶意刷流量、恶意爬虫等危害网站的行为。它构建于阿里云CDN平台之上，在CDN边缘节点中注入了阿里云云盾十年积累的安全能力，形成一张分布式的安全加速网络，适用于所有同时兼顾内容加速和安全的网站。

(3) 全站加速DCDN

全站加速DCDN旨在提升动静态资源混合站点的访问体验，支持静态资源边缘缓存，动态内容路由择优回源传输，同时满足整体站点的全网访问速度及稳定性需求。全站加速构建于阿里云CDN平台之上，适用于动静混合型、纯动态型站点或应用的内容分发加速服务。

(4) PCDN

PCDN以P2P技术为基础，通过挖掘利用边缘网络海量碎片化闲置资源而构建的低成本高品质内容分发网络服务。客户通过集成PCDN SDK接入该服务后，能获得等同或高于CDN的分发质量，同时显著降低分发成本，适用于视频点播、直播、大文件下载等业务场景。

（5）边缘节点服务ENS

边缘节点服务（Edge Node Service，ENS）基于运营商边缘节点和网络构建，一站式提供靠近终端用户的、全域覆盖的、弹性分布式算力资源，通过终端数据就近计算和处理，优化响应时延、中心负荷和整体成本。

4. 关系型数据库

（1）云数据库POLARDB

POLARDB是阿里巴巴自主研发的下一代关系型分布式云原生数据库，目前兼容三种数据库引擎：即MySQL、Oracle、PostgreSQL。

POLARDB计算能力最高可扩展至1 000核以上，存储容量最高可达100 TB。POLARDB既融合了商业数据库稳定、可靠、高性能的特征，又具有开源数据库简单、可扩展、持续迭代的优势，而成本只需商用数据库的1/10。

（2）云数据库RDS MySQL版

MySQL是全球最受欢迎的开源数据库之一，作为开源软件组合LAMP（Linux + Apache + MySQL + Perl/PHP/Python）中的重要一环，广泛应用于各类应用场景。

（3）云数据库MariaDB版

云数据库MariaDB版基于MariaDB企业版全球独家合作认证，提供Oracle兼容性及众多企业级数据库特性，支持包括MySQL InnoDB等多种存储引擎，为不同需求的用户提供灵活的选择。

（4）云数据库RDS SQL Server版

SQL Server是发行最早的商用数据库产品之一，支持复杂的SQL查询，性能优秀，对基于Windows平台、NET架构的应用程序具有完美的支持。

（5）云数据库RDS PostgreSQL版

PostgreSQL被业界誉为"最先进的开源数据库"，面向企业复杂SQL的OLTP业务场景，支持NoSQL数据类型（JSON/XML/hstore），提供阿里云自研Ganos多维多模时空信息引擎，及PostGIS地理信息引擎。

5. NoSQL 数据库

（1）云数据库Redis版

高可靠双机热备架构及可无缝扩展的集群架构，满足高读写性能场景及容量需弹性变配的业务需求。

（2）云数据库MongoDB

云数据库MongoDB版支持ReplicaSet和Sharding两种部署架构，具备安全审计，时间点备份等多项企业能力，在互联网、物联网、游戏、金融等领域被广泛采用。

（3）时序时空数据库TSDB

时序时空数据库（Time Series and Spatial-Temporal Database，TSDB）是一种集时序数据高效读写、压缩存储、实时计算能力为一体的数据库服务，可广泛应用于物联网和互联网领域，实现对设备及业务服务的实时监控，实时预测告警。

(4）云数据库HBase版

云数据库HBase版基于Apache HBase及HBase生态构建的低成本、一站式数据处理平台，支持Spark、二级索引、全文查询、图、时序、时空、分析等能力，是物联网、风控推荐、对象存储、AI、Feeds等场景首选数据库。

(5）云数据库Memcache版

云数据库Memcache版（ApsaraDB for Memcache）是一种高性能、高可靠、可平滑扩容的分布式内存数据库服务。基于飞天分布式系统及高性能存储，并提供了双机热备、故障恢复、业务监控、数据迁移等方面的全套数据库解决方案。

(6）表格存储

表格存储（TableStore）是阿里云自研的面向海量结构化数据存储的Serverless NoSQL多模型数据库，被广泛用于社交、物联网、人工智能、元数据和大数据等业务场景。它提供兼容HBase的WideColumn模型以及开创性的消息模型Timeline，可提供PB级存储、千万TPS以及毫秒级延迟的服务能力。

6. 网络

(1）专有网络VPC——构建逻辑隔离网络，确保资源安全

专有网络VPC帮助用户基于阿里云构建出一个隔离的网络环境，并可以自定义IP地址范围、网段、路由表和网关等；此外，也可以通过专线、VPN、GRE等连接方式实现云上VPC与传统IDC的互联，构建混合云业务。

(2）云解析PrivateZone——基于阿里云专有网络VPC环境的私有域名解析和管理服务

云解析PrivateZone是基于阿里云专有网络VPC（Virtual Private Cloud）环境的私有域名解析和管理服务。可以在自定义的一个或多个专有网络中快速构建DNS系统，实现私有域名映射到IP资源地址。

(3）负载均衡SLB——对多台云服务器进行流量分发的负载均衡服务

对多台云服务器进行流量分发的负载均衡服务，可以通过流量分发扩展应用系统对外的服务能力，通过消除单点故障提升应用系统的可用性。

(4）NAT网关——支持NAT转发、共享带宽的VPC网关

NAT网关帮助用户在VPC环境下构建一个公网流量的出入口，通过自定义SNAT、DNAT规则灵活使用网络资源，支持多IP，支持共享公网带宽。

(5）弹性公网IP

独立的公网IP资源，可以绑定到阿里云专有网络VPC类型的ECS、NAT网关、私网负载均衡SLB上，并可以动态解绑，实现公网IP和ECS、NAT网关、SLB的解耦，满足灵活管理的要求。

小　　结

本章主要讲解了公有云选型的大致方向，如网站需求分析、常见的云厂商，阿里云产品类型与常用的阿里云云产品。通过本章的学习，希望读者能够在选择公有云时具备一定的思路，而非盲目选择，并对当前国内公有云的发展有一定的了解。

习 题

一、填空题

1. 在企业上云之前，需要明确网站基本情况，包括_____、_____、_____等。
2. 在CPU选择方面，如果网站访问量较大，动态页面较多，建议选择_____以上。
3. 内存越大，可用的缓存越大，打开文件的速度也就越快，但产生的_____也会越高。
4. 硬盘的选择与网站的数据量相关，建议在存储现有数据的基础上预留一部分_____。
5. _____越高，相对的访问速度会越快，能够支持的并发量也越高。

二、选择题

1. 下列选项中，不属于云产品的是（　　）。
   A. 弹性计算　　　　　　　　　　B. SSL证书
   C. 云防火墙　　　　　　　　　　D. 网站
2. 下列选项中，不属于安全类云产品的是（　　）。
   A. DDoS防护　　　　　　　　　　B. SSL证书
   C. 云防火墙　　　　　　　　　　D. 弹性裸金属服务器
3. 下列选项中，能够提供HTTPS服务的云产品是（　　）。
   A. DDoS防护　　　　　　　　　　B. SSL证书
   C. 云防火墙　　　　　　　　　　D. 弹性裸金属服务器
4. 下列选项中，属于网络相关云产品的是（　　）。
   A. 弹性计算　　　　　　　　　　B. 负载均衡
   C. 块存储　　　　　　　　　　　D. 弹性裸金属服务器
5. 下列选项中，不属于存储服务云产品的是（　　）。
   A. 日志服务　　　　　　　　　　B. 对象存储
   C. 块存储　　　　　　　　　　　D. 非关系型数据库

三、思考题

简述常见的3款或3款以上云产品及其作用。

第 3 章 弹性计算云服务器

本章学习目标

◎ 了解 ECS 云服务器的概念
◎ 熟悉 ECS 云服务器的日常维护
◎ 掌握 ECS 云服务器的管理方式

传统的互联网公司总是将物理服务器放置在IDC机房，因此一些外界因素也成为威胁网站正常运行的关键因素，如机房温度、供电、湿度等。现在，更多的小型互联网公司更倾向于使用云服务器，因为使用云服务器的企业不需要考虑上述外界因素。而ECS弹性云服务器作为阿里云云产品中较为常用的云服务更是被广大IT人士所熟知，本章将针对ECS弹性云服务器及其相关知识进行讲解。

3.1 了解 ECS 弹性云服务器

每一家云厂商都针对不同的应用环境推出了不同的云服务器，而ECS弹性云服务器可以应付各种不同的应用场景。

3.1.1 ECS 弹性云服务器简介

ECS（Elastic Compute Service）弹性云服务器是一种可随时获取、可靠稳定、弹性伸缩的IaaS级别的云计算服务。ECS弹性云服务器的运用省去了用户前期购买硬件设施的过程，就像使用公共资源一样，方便快捷，随开随用。

1.ECS 组件

ECS弹性云服务器并非指一种云服务器，实际上是一种云服务，其中包含了多种组件，各个组件之间相互配合共同组成了ECS弹性云服务器。

云服务器ECS主要包含以下功能组件。

（1）实例

实例表示一台虚拟服务器，包括CPU、内存、操作系统、网络配置、磁盘等基础的计算机组件。实例的计算性能、内存性能和适用业务场景由实例的具体规格决定，其具体性能指标包括实例CPU核数、内存大小、网络性能等。

（2）镜像

镜像提供实例的操作系统、初始化应用数据及预装的软件。其中，操作系统支持多种Linux发行版和多种Windows版本。

（3）块存储

块设备类型产品，具备高性能和低时延的特性，提供基于分布式存储架构的云盘以及基于物理机本地存储的本地盘。

（4）快照

快照是记录某一时间点一块云盘的数据状态的文件，常用于数据备份、数据恢复和制作自定义镜像等。

（5）安全组

安全组由同一地域内具有相同保护需求并相互信任的实例组成，是一种虚拟防火墙，用于设置实例的网络访问控制。

（6）网络

①专有网络（Virtual Private Cloud）：逻辑上彻底隔离的云上私有网络。用户可以自定义私网IP地址范围、配置路由表和网关等。

②经典网络：所有经典网络类型实例都建立在一个共用的基础网络上，由阿里云统一规划和管理网络配置。

3.1.2 地域与可用区

地域是阿里云数据中心所处的区域。可用区（Availability Zone，AZ）是指在同一地域内，电力和网络互相独立的物理区域，同一可用区内实例之间的网络延时更小。地域和可用区决定了ECS实例所在的物理位置。各个地域之间完全独立，各个可用区之间完全隔离，但同一个地域内的各个可用区之间通过低延时链路相连。

地域和可用区之间的关系如图3.1所示。

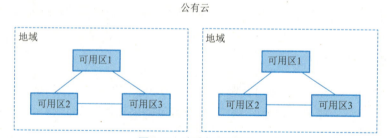

图 3.1 地域与可用区

因为地域是指物理的数据中心，所以资源创建成功之后不能对地域进行更换。当前阿里云所有的地域、地域所在城市和Region ID的对照关系，见表3.1和表3.2。

表 3.1 阿里云国内地域关系

地域名称	所在城市	Region ID	可用区数量
华北1	青岛	cn-qingdao	2
华北2	北京	cn-beijing	8
华北3	张家口	cn-zhangjiakou	3
华北5	呼和浩特	cn-huhehaote	2
华北6	乌兰察布	cn-wulanchabu	2

续表

地域名称	所在城市	Region ID	可用区数量
华东1	杭州	cn-hangzhou	8
华东2	上海	cn-shanghai	7
华南1	深圳	cn-shenzhen	5
华南2	河源	cn-heyuan	2
华南3	广州	cn-guangzhou	2
西南1	成都	cn-chengdu	2
中国香港	香港	cn-hongkong	2

表 3.2 阿里云国外地域关系

地域名称	所在城市	Region ID	可用区数量
亚太东南1	新加坡	ap-southeast-1	3
亚太东南2	悉尼	ap-southeast-2	2
亚太东南3	吉隆坡	ap-southeast-3	2
亚太东南5	雅加达	ap-southeast-5	2
亚太南部1	孟买	ap-south-1	2
亚太东北1	东京	ap-northeast-1	2
美国西部1	硅谷	us-west-1	2
美国东部1	弗吉尼亚	us-east-1	2
欧洲中部1	法兰克福	eu-central-1	2
英国（伦敦）	伦敦	eu-west-1	2
中东东部1	迪拜	me-east-1	1

选择地域时，用户需要考虑以下几个因素。

1. 地理位置

用户需要根据自身以及目标用户所在的地理位置选择地域。

（1）国内

数据中心离目标用户越近，访问速度就越快，所以通常建议选择与目标用户所在地域最为接近的数据中心。但在基础设施、BGP网络速度、服务质量、云服务器的管理与配置等方面，国内地域之间并没有太大区别。

（2）国外

其他国家及地区的服务主要面向非国内用户。国内用户不建议使用这些地域，否则可能存在较长的网络延迟。

对于东南亚地区的用户，建议选择亚太东南1地域、亚太东南3地域或亚太东南5地域。对于日本、韩国的用户，建议选择亚太东北1地域。对于印度的用户，建议选择亚太南部1地域。对于澳大利亚地区的用户，建议选择亚太东南2地域。对于美洲的用户，建议选择美国地域。对于欧洲的用户，建议选择欧洲中部1地域。对于中东地区的用户，建议选择中东东部1地域。

2. 阿里云产品之间的关系

多款阿里云产品搭配使用时，需要注意如下事项。

① 不同地域的云服务器ECS、关系型数据库RDS、对象存储服务OSS等实例的内网并不相通。

② 不同地域之间的云服务器ECS不能跨地域部署负载均衡，即在不同的地域购买的ECS实例不可以跨地域部署在同一负载均衡实例下。

3.2　ECS 实例获取

获取ECS实例之前需要先进入阿里云官方网站，并登录阿里云账号进行实名认证，没有阿里云账号的话可以免费注册，如图3.2所示。

登录阿里云账号之后，将鼠标移至界面左上角菜单栏中的产品项，即可弹出一个关于阿里云云产品的列表，其中包含了当前所有阿里云云产品，如图3.3所示。

图 3.2　登录阿里云账号

图 3.3　阿里云云产品列表

单击图3.3列表中的"云服务器ECS"选项，即可进入云服务器ECS主页。在ECS主页下拉至产品类型列表，如图3.4所示。

ECS的产品类型列表中是关于ECS云服务器的各种类型，不同类型的ECS云服务器可以应用于不同的场景，用户可以根据实际情况选择适合的ECS云服务器类型。ECS云服务器列表中将ECS云服务器分为两大类，分别是入门级与企业级，这两大类中又分为多个小类。阿里云默认对用户优先显示企业级ECS云服务器类型，企业级ECS云服务器又分为通用型、计算型、内存型、大数据型、GPU型、本地SSD型、高主频型等。每个类型又分为不同的规格族。

入门级ECS云服务器价格比较低廉，配置比企业级更低，是适合个人使用或学习的ECS云服务器类型。其中又分为突发性能型、共享型与轻量应用型，如图3.5所示。

图 3.4　产品类型列表

图 3.5　入门级 ECS 云服务器

用户可根据自身实际情况选择适合的ECS云服务器，此处以入门级的突发性能实例t6为例。单击实例下方的"立即选配"按钮即可对当前实例进行配置，如图3.6所示。

图 3.6　ECS 云服务器选配

在ECS云服务器选配界面单击右上角蓝色的"更多配置购买"超链接选型即可进入自定义购买界面。自定义购买分为五个步骤，分别是基本配置、网络和安全组、系统配置、分组设置与确认订单，首先是基本配置，如图3.7所示。

图3.7 自定义购买界面

自定义购买界面中的内容共分为6个板块，分别是付费模式、地域及可用区、实例、镜像、存储与快照服务。

付费模式分为3种，分别是包年包月、按量付费与抢占式实例。在云服务器运行周期较长时，建议使用包年包月的付费模式，因为长时间使用云服务的话，包年包月产生的费用比较划算。当云服务器运行周期较短时，建议使用按量付费模式，因为按量付费是按照云服务器的具体运行时间产生费用，在短期内产生的费用较少，所以更适合短期内使用。抢占式实例是最为廉价的实例，最低可按照一折的价格购买，但抢占式实例有着被自动释放的可能。用户能够稳定持有抢占式实例至少一个小时，一个小时后，如果市场价格高于该用户出价或资源供需关系变化时，抢占式实例将被释放。

地域与可用区板块用于配置实例的地域与可用区，将鼠标指针移动到当前选择的地域即可弹出可选地域列表，如图3.8所示。

各个地域之间的内网并不相通，选择靠近客户的地域能够降低网络延迟，加快访问速度。

实例板块主要用于实例的选型。选型方式有两种，分为分类选型与场景化选型。分类选型是按照实例的类型进行选型，主要有3个方面，分别是筛选、架构与分类。筛选条件有5个，分别是vCPU、内存、规格名称、是否为I/O优化实例与是否支持IPv6，通常默认是I/O优化实例。用户可按照上述条件筛选自己需要的实例。架构通常为3种，分别是x86计算、异构计算GPU/FPGA/NPU与弹性裸金属服务器。x86计算是普通的ECS云服务器架构，异构计算GPU/FPGA/NPU架构能够帮助用户一键部署GPU集群，弹性裸金属服务器架构的ECS云服务器兼备云服务的弹性与物理服务器的性能与功能特征。

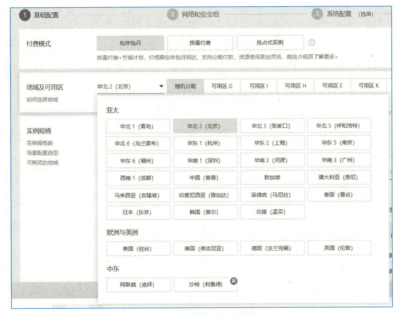

图 3.8　可选地域列表

筛选条件下方是ECS云服务器的规格族列表，如图3.9所示。

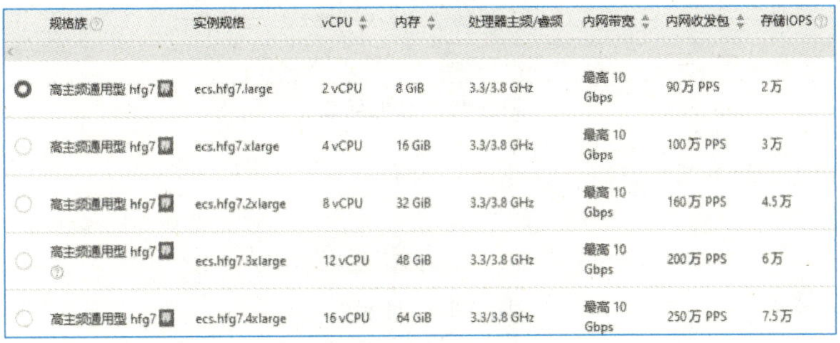

规格族	实例规格	vCPU	内存	处理器主频/睿频	内网带宽	内网收发包	存储IOPS
高主频通用型 hfg7	ecs.hfg7.large	2 vCPU	8 GiB	3.3/3.8 GHz	最高 10 Gbps	90 万 PPS	2 万
高主频通用型 hfg7	ecs.hfg7.xlarge	4 vCPU	16 GiB	3.3/3.8 GHz	最高 10 Gbps	100 万 PPS	3 万
高主频通用型 hfg7	ecs.hfg7.2xlarge	8 vCPU	32 GiB	3.3/3.8 GHz	最高 10 Gbps	160 万 PPS	4.5 万
高主频通用型 hfg7	ecs.hfg7.3xlarge	12 vCPU	48 GiB	3.3/3.8 GHz	最高 10 Gbps	200 万 PPS	6 万
高主频通用型 hfg7	ecs.hfg7.4xlarge	16 vCPU	64 GiB	3.3/3.8 GHz	最高 10 Gbps	250 万 PPS	7.5 万

图 3.9　规格族列表

本次实验以ecs.hfg7.large规格为例，该规格的vCPU核数是2，内存为8 GB，基本能够满足用户的日常学习。

镜像板块供用户选择系统镜像。其中共分为4种类型的镜像，分别是公共镜像、自定义镜像、共享镜像与镜像市场。公共镜像包含各类常见的系统镜像，如Alibaba Cloud Linux、CentOS、Ubuntu、

Windows等。自定义镜像由用户自定义。共享镜像由其他用户或系统共享。另外，用户可以去镜像市场获取更多镜像。需要注意的是，此处建议勾选"安全加固"复选框，以增强实例的安全性。此处以CentOS 7.8为例，如图3.10所示。

图 3.10　镜像选择

存储板块用于配置ECS云服务器的存储设备。通常默认系统盘为ESSD云盘，大小为40 GB。对系统盘大小要求在40 GB以下时，建议将系统盘大小设置为40 GB，该方式较为划算。系统盘的性能级别可以根据实际的业务需求决定。如果在实例被释放之后还需要保留系统盘中的数据，可以取消勾选"随实例释放"复选框。另外，允许用户添加数据盘与共享盘，用户可视情况而定，如图3.11所示。

图 3.11　存储配置

快照服务板块用于用户配置快照，用户恢复数据，如图3.12所示。

图 3.12　快照服务

界面最下方是ECS云服务器的计费栏，如图3.13所示。

图 3.13　计费栏

实例配置完成之后，单击计费栏中的"下一步：网络和安全组"按钮即可进入网络与安全组配置界面，如图3.14所示。

通常ECS云服务器的网络是默认专有网络，交换机也是默认交换机，如有其他需求可在控制台创建网络与交换机，如图3.15所示。

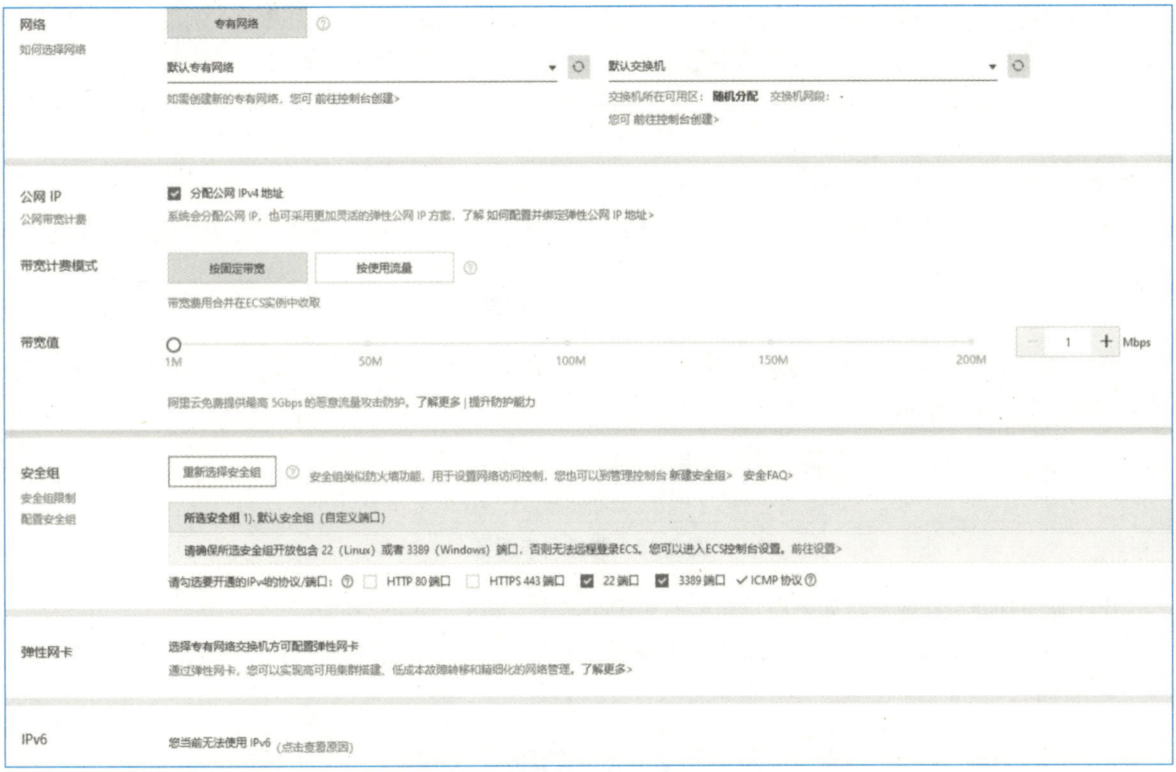

图 3.14 网络与安全组配置界面

图 3.15 网络配置

阿里云系统默认给新的ECS云服务器分配公网IPv4地址，用户也可以选择使用弹性公网IP方案。如果带宽计费模式选择"按固定带宽"，则网络带宽是固定的，相对消费较低；如果选择"按使用流量"，则网络带宽是根据业务流量的大小不断变化的，相对可能产生较高费用。对于流量较为稳定的业务，用户可以选择"按固定带宽"；对于流量不稳定的业务，用户可以选择"按使用流量"。如果选择了"按固定带宽"，可以通过带宽值选择配置固定的带宽；如果选择了"按使用流量"，可以通过带宽值选择配置最大带宽值。具体配置方式，用户可根据实际情况自行决定，如图3.16所示。

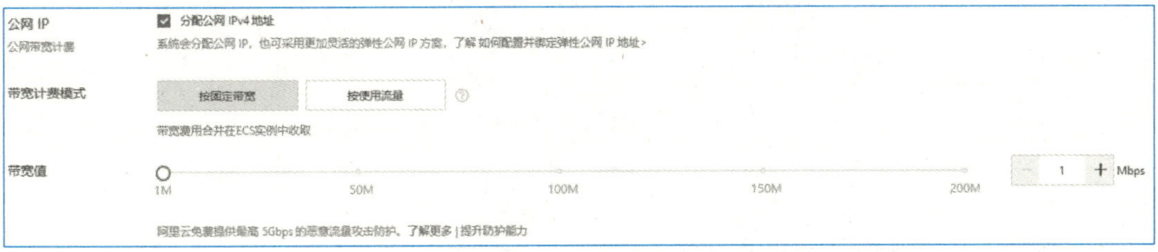

图 3.16 公网 IP 配置

安全组的功能与防火墙类似，用户可以通过安全组配置网络访问控制。如果对实例没有特殊要求的话，可以先使用默认安全组，并在下方勾选需要开通的协议端口，如图3.17所示。

图 3.17　安全组配置

弹性网卡是一种可以绑定到专有网络VPC类型ECS实例上的虚拟网卡，如果没有选择专有交换机则不可配置，如图3.18所示。

图 3.18　弹性网卡配置

IPv6是一种新型IP地址，如果用户需要使用IPv6则需要满足一定的条件。

网络与安全组配置完成之后，可以查看当前计费栏中的变化，如图3.19所示。

图 3.19　计费栏

第3、4步是选填项，如果只使用默认配置，则可以直接单击"确认订单"按钮。单击"下一步：系统配置"按钮即可进入系统配置界面，如图3.20所示。

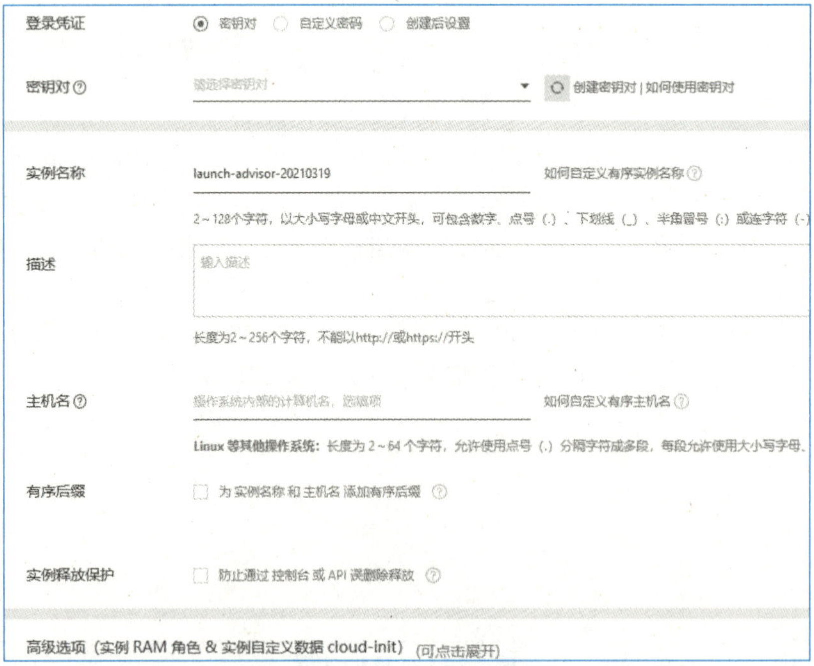

图 3.20　系统配置界面

阿里云SSH密钥对是一种安全便捷的登录认证方式，由公钥和私钥组成，仅支持Linux实例。实例名称、描述与主机名是选填项，由用户自定义，也可以选择不填。如果用户选择不填实例名称与主机名，则阿里云系统会自动生成实例名称与主机名。有序后缀选项可以设置实例名称与主机名是否添加后缀。实例释放保护项用于防止实例被误操作释放。配置完成后如图3.21所示。

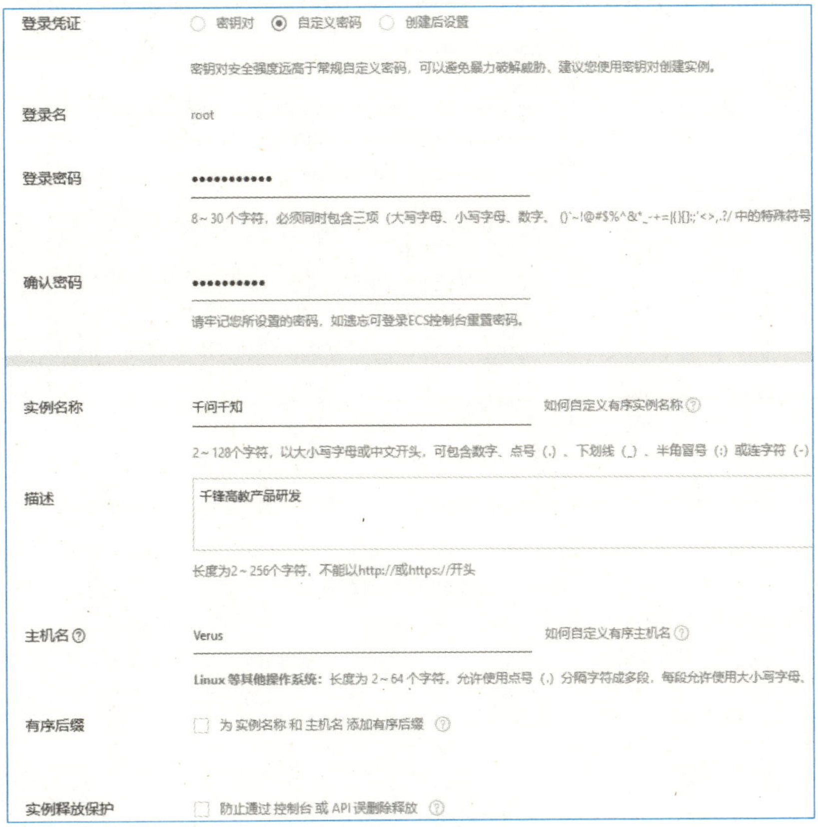

图 3.21　系统配置

高级选项中是对实例RAM角色、实例元数据访问模式与实例自定义数据的配置，如图3.22所示。

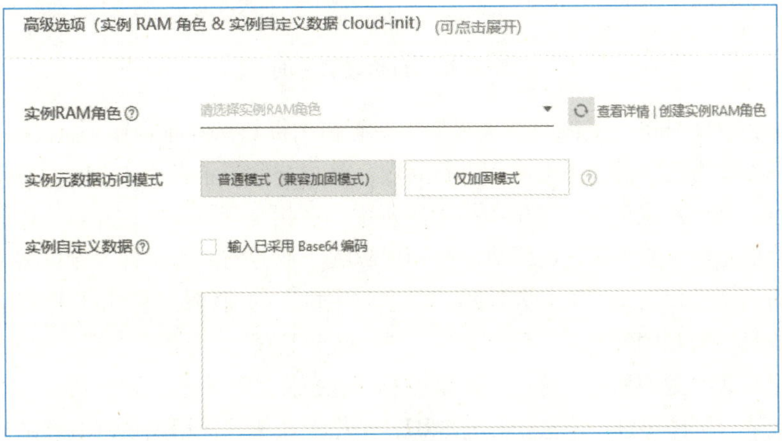

图 3.22　高级选项

实例RAM角色类似一个管理阿里云的普通用户，用于精细化管理ECS实例。

实例元数据访问模式通常有两种：一种是普通模式；一种是仅加固模式。在仅加固模式下，实例仅通过token鉴权访问元数据。

实例自定义数据是用户传入实例的一段自定义脚本或配置信息，最大支持16 KB。

配置完成之后，单击下方计费栏中的"下一步：分组设置"按钮，进入分组设置界面，如图3.23所示。

图3.23　分组设置界面

分组设置界面包含了标签、资源组、部署集、专有宿主机与私有池容量5个板块。其中，标签板块用于配置实例的标签，方便管理人员对实例进行管理。当用户购买了多个实例时，可以通过创建资源组对云资源进行分组，从而实现单独管理资源组中的资源。在指定部署集中创建ECS实例时，会与同一部署集中的其他实例根据物理服务器进行隔离，从而保障线上业务的高可用性。专有宿主机是指由一个用户独享物理资源的云主机，用户无须与其他用户共享云主机上的硬件资源。用户还可以获得这台物理服务器的物理属性信息，包括CPU数量（Socket数）、物理CPU核数、内存大小等。如果开放私有池容量，实例将会自动匹配开放类型的私有容量池，如果没有符合条件的私有池，则使用公共池资源启动。如果选择指定私有池容量，则需要进一步选择私有池ID，来指定实例只使用该私有池容量启动；如果该私有池不可用，则实例启动失败。配置完成之后，如图3.24所示。

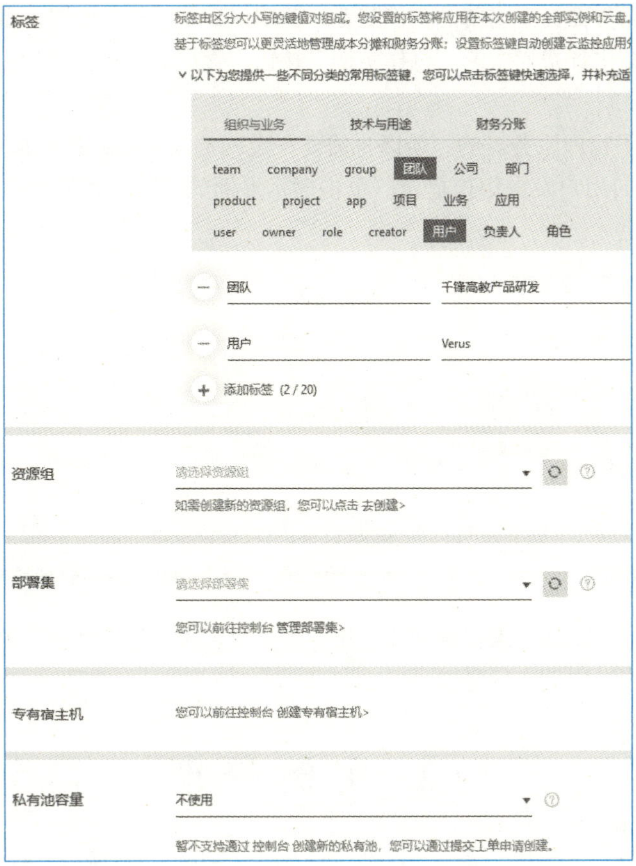

图 3.24 分组配置完成

分组界面配置完成之后，单击"下一步：确认订单"按钮，进入确认订单界面，如图3.25所示。

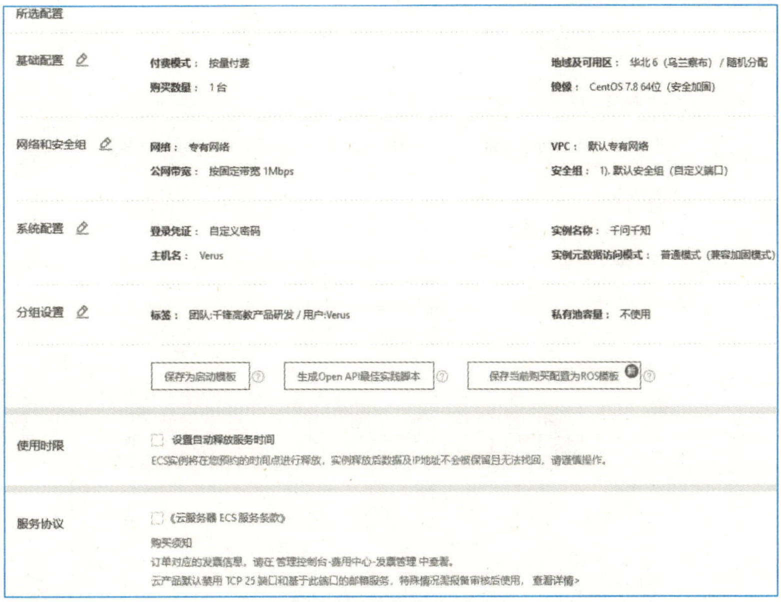

图 3.25 确认订单

用户需要在确认订单界面查看当前的实例配置,并确认计费栏中的金额。如果确认无误,即可阅读并勾选服务协议,然后单击计费栏中的"创建实例"按钮。之后界面中会弹出一个创建成功的提示,如图3.26所示。

因为云服务器是基于物理服务器的,所以也需要一定的启动时间,根据提示等待1~5 min即可。通常在实例启动完成后会向用户发送短信提示。单击提示界面的"管理控制台"按钮即可进入管理控制台,如图3.27所示。

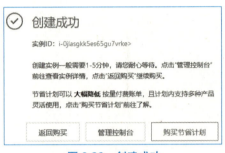

图 3.26　创建成功

图 3.27　管理控制台

进入管理控制台之后,默认进入实例列表。实例列表中包含了用户所拥有的所有实例,及其大致信息,用户可通过实例列表对实例进行管理。

3.3　实例管理

3.3.1　连接实例

通常运维人员对服务器进行管理时都需要进行远程连接,云服务器也不例外。单击管理控制台实例列表中操作下的"远程连接"按钮即可连接该实例,如图3.28所示。

图 3.28　远程连接与命令

由图3.28可知，阿里云官方为用户提供了3种连接方式，分别是Workbench远程连接、VNC远程连接与发送远程命令。Workbench远程连接以网页界面为终端，通过SSH协议对实例进行连接。当无法使用Workbench远程连接或第三方终端对实例进行连接时，可以使用VNC远程连接查看实例实时情况。"发送远程命令"是通过阿里云云助手帮助用户在实例中执行指定命令。

1. Workbench 远程连接

在远程连接与命令界面中，单击Workbench远程连接下的"立即登录"按钮，即可进入登录实例界面，如图3.29所示。

图 3.29　登录实例

在登录实例界面中选择"密码认证"并输入正确的密码，单击右下角"确定"按钮即可完成登录，进入云服务器命令终端之后即可对云服务器进行命令操作，如图3.30所示。

图 3.30　云服务器命令终端

2. 发送远程命令

在远程连接与命令界面中，单击"发送远程命令"按钮，即可进入发送命令界面，如图3.31所示。

发送命令界面中可以选择3种不同的命令类型，分别是Shell、Bat与PowerShell，此处选择Shell命令类型。在命令内容框中填入需要执行的命令，如图3.32所示。

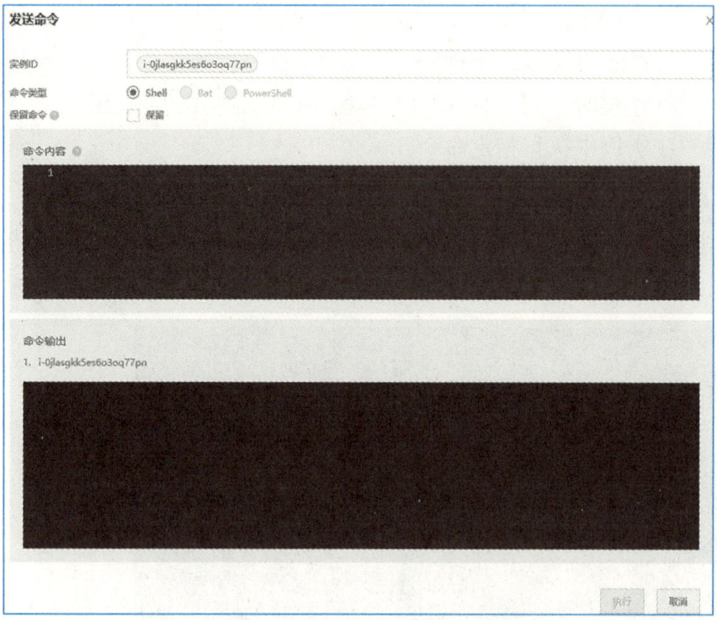

图 3.31 发送命令界面

图 3.32 输入命令

由图 3.32 可知，命令内容框中可以输入多条命令，但每一行只能输入一条命令。命令输入完成之后，单击右下角的"执行"按钮即可执行命令，如图 3.33 所示。

在执行命令的过程中，发送命令界面右下角会出现命令执行中的提示，以及"执行"按钮会由"停止执行"按钮替代。当需要停止执行命令时，用户可以单击"停止执行"按钮，使命令停止执行。命令执行完成后，如图 3.34 所示。

图 3.33 执行中

图 3.34 执行完成

由图3.34可知，在执行远程命令时，是按照命令内容框中写入的顺序执行的。需要注意的是，执行一系列远程命令之前，需要先将其进行排序，如果执行顺序不对可能出现报错。

3.VNC 远程连接

在远程连接与命令界面中，单击VNC远程连接下的"立即登录"按钮，即可进入VNC远程连接界面，如图3.35所示。

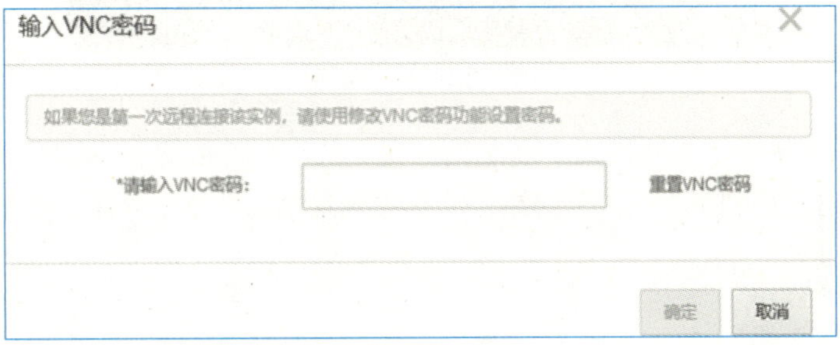

图 3.35 输入 VNC 密码

对于第一次进行VNC远程连接的用户，需要重置VNC密码。重置VNC密码时，单击密码输入框右侧的"重置VNC密码"按钮即可进行重置，如图3.36所示。

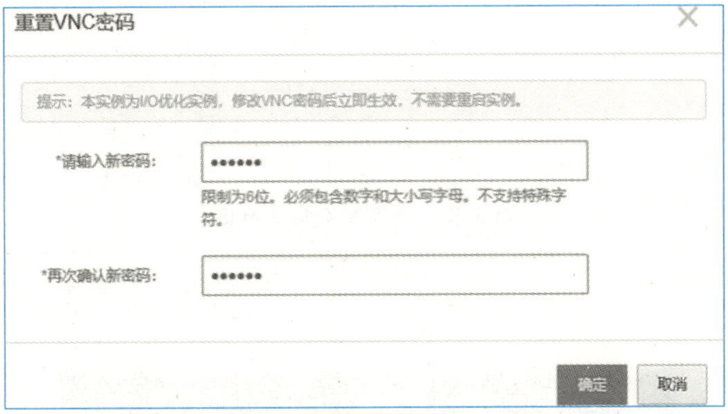

图 3.36 重置 VNC 密码

需要注意的是，VNC密码必须是6位，并且包含数字与大小写字母，不支持特殊字符。VNC密码配置完成之后，单击右下角的"确定"按钮即可。VNC密码重置之后，使用重置后的VNC密码进行VNC远程连接即可，如图3.37所示。

图 3.37 成功连接到实例

连接到实例之后，需要通过用户名与密码进行登录才能够对其进行其他操作，如图3.38所示。

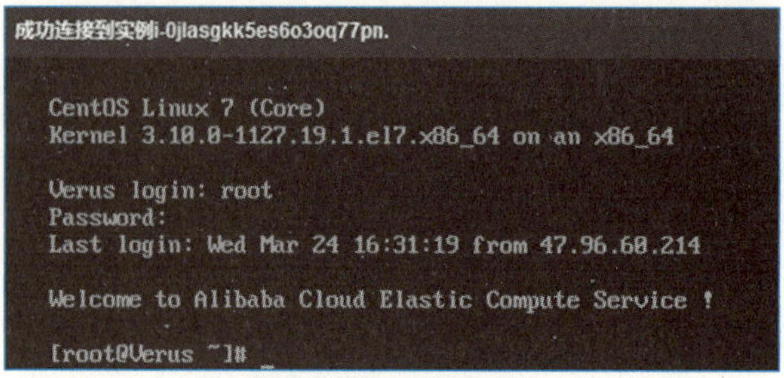

图 3.38 登录实例

通常在Linux操作系统中是不允许用户复制粘贴命令的,但在阿里云的VNC界面中是可以实现的。单击VNC界面左上角的"复制命令输入"按钮,即可进入复制粘贴命令界面,如图3.39所示。

图 3.39 复制粘贴命令界面

将复制好的命令粘贴到文本内容框中,单击右下角的"确定"按钮即可在实例中执行命令,如图3.40所示。

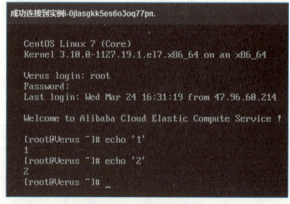

图 3.40 实例执行命令

3.3.2 操作实例

实例创建完成之后可以对其进行日常的管理。

1. 基本操作

在实例列表中选中实例即可对其进行一些常规操作,如图3.41所示。

图 3.41 选中实例

选中实例之后,实例列表下的操作按钮即可被激活,如停止、重启、重置实例密码等。单击实例列表下方的"更多"按钮可以进行更进一步的操作,如图3.42所示。

图 3.42 更多操作

2. 详细信息

通过实例的详细信息运维人员可以知道当前实例的具体状态。单击实例列表右上角的 按钮,即可设置需要查看的信息项,如图3.43所示。

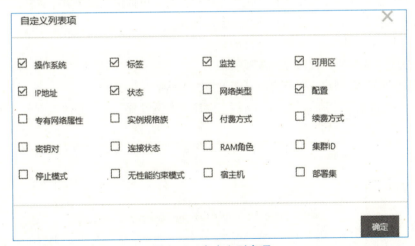

图 3.43 自定义列表项

定义完成之后,单击右下角的"确定"按钮即可保存配置。单击实例操作项下的"管理"按钮即可查看当前实例的详细信息,如图3.44所示。

详细信息界面上方有一个菜单栏，单击其中的某一项即可查看与之对应的信息，此处以"监控"为例，如图3.45所示。

图3.44　实例详细信息

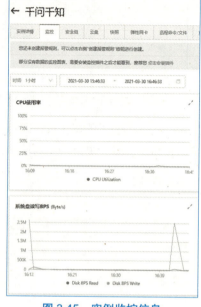

图3.45　实例监控信息

实例监控信息界面中是实例资源使用的曲线图，包括CPU使用率、内网带宽、公网带宽等信息。

3. 实例释放保护

当用户的按量付费实例中运行了核心业务时，为防止一些误操作造成实例被释放的情况，可以为实例配置实例释放保护。

实例释放保护不能阻止因合理原因自动执行的释放行为，包括但不限于如下条件。

①阿里云账户欠费超过15天，该账户的实例会被释放。

②实例设置了自动释放时间，到期后被自动释放。

③实例存在安全合规风险，会被停止或释放。

④实例由弹性伸缩自动创建，在缩容时可能被移出伸缩组并释放。

在实例列表中单击操作项下的"更多"按钮，选择"实例设置"→"修改实例释放保护"选项，即可对实例释放保护进行修改，如图3.46所示。

图3.46　修改实例释放保护

单击"实例释放保护"右侧的开关按钮即可关闭或开启实例释放保护,当按钮为蓝色时表示开启。

3.4 实例安全

阿里云官方给用户提供了一些安全方案,用于保护用户实例的安全。

3.4.1 安全组

安全组是一种具备状态检测和数据包过滤能力的虚拟防火墙,可以在云端划分安全域,从而保护实例安全。通过配置安全组规则,用户可以控制安全组内ECS实例的流量出入。

安全组是一个逻辑上的分组,由同一地域内具有相同安全保护需求并相互信任的实例组成。一台ECS实例至少属于一个安全组,也可以加入多个安全组。一个安全组可以管理同一个地域内的多台ECS实例。在没有设置允许访问的安全组规则时,不同安全组内的ECS实例之间默认无法内网通信。

建立数据通信前,安全组逐条匹配安全组规则查询是否放行访问请求。一条安全组规则具备规则方向、授权策略、协议类型、端口范围、授权对象等属性,见表3.3。

表 3.3 安全组规则

属性	说 明
规则方向	专有网络 VPC 支持入方向和出方向 经典网络支持公网出、入方向,内网出、入方向
授权策略	可选允许、拒绝两种访问策略
协议类型	TCP、UDP、ICMP(IPv4)和 GRE
端口范围	应用或协议开启的端口
优先级	优先级的取值范围为 1~100,数值越小,代表优先级越高
授权对象	设置 IP 地址段和安全组 ID

不同通信场景需要设置的安全组规则属性不同。例如,用户使用Xshell客户端远程连接ECS实例上的Linux系统时,如果安全组检测到公网或内网有SSH请求,会逐一检查入方向上安全组规则,发送请求的设备的IP地址是否已存在,优先级是否为同类规则第一,授权策略是否为允许,22端口是否开启等。只有匹配到一条允许放行的安全组规则时,才会建立连接,如图3.47所示。

图 3.47 SSH 通过安全组连接

在实例的详细信息中可以查看当前实例的安全组,如图3.48所示。

图 3.48　安全组列表

安全组列表中的内容是当前实例所使用的安全组。单击安全组操作项下的"配置规则"按钮，即可进入安全组规则界面，如图3.49所示。

图 3.49　安全组规则界面

安全组配置分为两个方向，分别是入方向与出方向。入方向是流量进入实例的方向，出方向是流量从实例发出的方向。如果在实例上部署了Web网站，需要外部的流量进入实例，则需要开启入方向的流量路径。阿里云官方默认ECS实例的80与443端口是开启的，即默认的Web服务端口是开启的。通常在企业中考虑到安全问题，不会使用默认的Web端口，运维人员在修改Web端口后还需要开启安全组的端口。

通过终端连接实例，并安装Apache服务，示例代码如下。

```
[root@Verus ~]# yum -y install httpd
Loaded plugins: fastestmirror
Determining fastest mirrors
base                                                    | 3.6 kB  00:00:00
```

```
  epel                                                      |  4.7 kB   00:00:00
  extras                                                    |  2.9 kB   00:00:00
  updates                                                   |  2.9 kB   00:00:00
  ...
Installed:

  httpd.x86_64 0:2.4.6-97.el7.centos
Dependency Installed:

  apr.x86_64 0:1.4.8-7.el7                               apr-util.x86_64 0:1.5.2-6.el7
httpd-tools.x86_64 0:2.4.6-97.el7.centos

  mailcap.noarch 0:2.1.41-2.el7


Complete!
```

Apache服务安装完成之后，开启服务，示例代码如下：

```
[root@Verus ~]# systemctl  start httpd
```

Apache服务开启之后，在浏览器中通过实例的公网IP地址访问服务，如图3.50所示。

图 3.50　Apache 访问成功

虽然在浏览器中没有显示，但浏览器默认访问的是实例的80端口。通过修改Apache的配置文件，将服务端口修改为8080，示例代码如下：

```
[root@Verus ~]# cat /etc/httpd/conf/httpd.conf
...
ServerRoot "/etc/httpd"
Listen 8080
...
DocumentRoot "/var/www/html"
<Directory "/var/www">
```

```
    AllowOverride None
    # Allow open access:
    Require all granted
</Directory>

<Directory "/var/www/html">
    Options Indexes FollowSymLinks
...
```

配置文件修改完成之后需要重新启动服务，示例代码如下：

```
[root@Verus ~]# systemctl  restart httpd
```

Apache重新启动之后，再次通过修改后的端口访问该服务，如图3.51所示。

图 3.51　访问失败

因为实例的安全组没有允许外界的流量访问其8080端口，所以此时用户是无法通过浏览器访问实例。

在安全组规则界面"入方向"中单击"手动添加"按钮，在安全组列表中会出现一条尚未编辑的安全组规则，用户可以对其进行编辑，如图3.52所示。

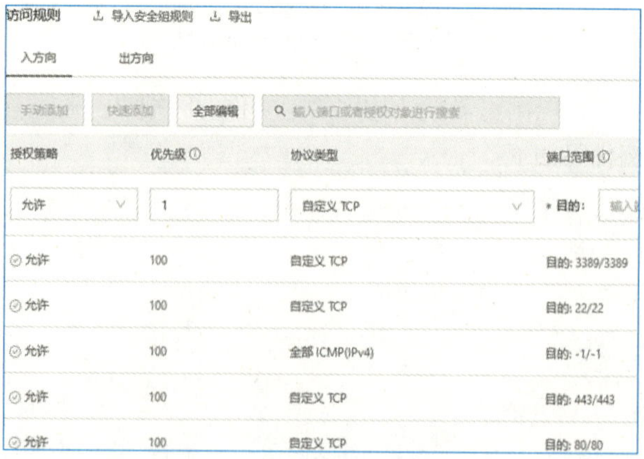

图 3.52　手动添加规则

当需要流量进入时,可以将授权策略设置为允许。当需要禁止某些流量进入时,可以将授权策略设置为拒绝。规则配置完成后单击操作项下的"保存"按钮即可保存配置,如图3.53所示。

图 3.53　安全组规则配置完成

安全组配置完成之后即可通过8080端口对实例进行访问,如图3.54所示。

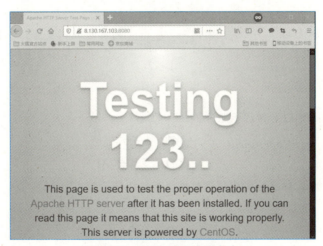

图 3.54　8080 端口访问成功

3.4.2　RAM 角色管理

面对庞大的云上资产,用户通常使用RAM角色进行管理。通常一个RAM角色关联一个实例,用户可通过实例内部的STS(Security Token Service)临时凭证访问其他云产品的API。考虑到系统安全问题,临时凭证会周期性地进行更新。

通常实例上部署的应用在与其他云产品通信时,需要使用RAM角色的AccessKey建立连接。而为了方便访问,一些用户将AccessKey写到了实例内部,但这个方式是安全性较低。为了避免上述问题,用户可通过临时凭证访问其他云服务。

需要注意的是,实例的网络类型必须是专有网络VPC,并且一台ECS实例一次只能授予一个实例RAM角色。

小　结

本章主要讲解了ECS弹性云服务器的概念、ECS实例配置方式、ECS实例获取方式、实例管理方式以及实例安全配置。通过本章的学习，希望读者能够了解ECS弹性云服务器的应用方式、熟悉实例的配置方式、掌握实例的使用方式，从而实现熟悉应用ECS弹性云服务器。

习　题

一、填空题

1._____是一种可随时获取、可靠稳定、弹性伸缩的IaaS级别的云计算服务。

2.ECS弹性云服务器并非指一种云服务器，实际上是一种_____，其中包含了多种组件，各个组件之间相互配合共同组成了ECS弹性云服务器。

3._____是指在同一地域内，电力和网络互相独立的物理区域。

4._____是一种具备状态检测和数据包过滤能力的虚拟防火墙，可以在云端划分安全域，从而保护实例安全。

5.安全组是一个逻辑上的_____，由同一_____内具有相同安全保护需求并相互信任的实例组成。

二、选择题

1.下列选项中，不属于ECS弹性云服务器组件的是（　　）。
　　A．实例　　　　　　　　　　　　B．安全组
　　C．镜像　　　　　　　　　　　　D．多媒体AI

2.下列选项中，能够记录ECS实例磁盘数据状态的组件是（　　）。
　　A．快照　　　　　　　　　　　　B．专有网络
　　C．安全组　　　　　　　　　　　D．闪存

3.下列选项中，不属于企业级ECS实例类型的是（　　）。
　　A．抽屉型　　　　　　　　　　　B．通用型
　　C．内存型　　　　　　　　　　　D．计算型

4.下列选项中，不属于ECS实例的远程连接方式的是（　　）。
　　A．Xshell连接　　　　　　　　　B．Workbench远程连接
　　C．线缆连接　　　　　　　　　　D．VNC远程连接

5.下列选项中，属于ECS实例自带的安全措施的是（　　）。
　　A．安全组　　　　　　　　　　　B．事态感知
　　C．Web防火墙　　　　　　　　　D．安骑士

三、思考题

1. 简述 ECS 弹性云服务器各组件的概念及用途。
2. 简述 ECS 弹性云服务器自带的安全措施。

四、操作题

通过阿里云官网获取 ECS 弹性云服务器并为其配置安全组。

第 4 章

云数据库

本章学习目标
- ◎ 了解云数据库 RDS 的概念
- ◎ 熟悉云数据库 RDS 的日常维护
- ◎ 掌握云数据库 RDS 的管理方式

数据是一个企业较为重要的一部分。互联网企业存储数据的仓库称为数据库，通常以服务器的形式出现。传统的数据库在备份、迁移时，需要大量的人工操作，并且过程烦琐复杂。云数据库的出现简化了一系列人工操作，用户只需要登录云平台即可对云数据库进行备份、迁移等操作。本章将针对云数据库 RDS 及其相关知识进行讲解。

4.1 了解云数据库 RDS

4.1.1 云数据库 RDS 简介

云数据库 RDS（Relational Database Service）是一种稳定可靠、具备弹性伸缩能力的云上数据库服务。云数据库 RDS 具备分布式与高性能存储的特点，支持 MySQL、SQL Server、PostgreSQL 等数据库应用。另外，还提供了异地容灾、数据迁移、数据备份、数据恢复、数据库监控等相关解决方案，节省了大量的人工操作。

1. 高可用与容灾设计

云数据库 RDS 提供了多种灾备方案，防止数据丢失。云数据库 RDS 默认提供备份功能，支持自动备份和手动备份。用户可以设置自动备份的周期，还可以根据自身业务特点随时进行备份。

RDS 支持根据备份集与指定时间点进行数据恢复。通常，用户可以恢复 7 天内任意时间点的数据到其他 RDS 实例上，确认数据无误后，可将数据迁回到 RDS 主实例中，完成数据回溯。

2. 安全防护

在用户通过外网连接与访问 RDS 实例遭到 DDoS 攻击时，RDS 安全体系会自动开始流量清洗工作，如果流量清洗无法抵御攻击时，会屏蔽所有来自外网的流量，直到攻击结束。

3. 访问控制

用户可为每个 RDS 实例配置 IP 白名单，只有 IP 白名单中的 IP 地址所属的设备才能访问该 RDS 实例。

4. 系统安全

RDS处于多层防火墙的保护之下，具备较强的防御能力，保障数据的安全性。RDS实例不允许用户直接登录，只开放数据库服务端口，并且不允许主动发起连接，只能接受被动访问。

4.1.2 云数据库 RDS 系列产品

云数据库RDS系列产品包括基础版、高可用版、集群版、三节点企业版。

1.RDS 基础版

RDS基础版实例，即单机版实例，只有单个数据库节点，计算与存储分离，性价比较高。

RDS基础版实例没有备用节点作为热备份，所以当该实例故障或进行重新启动等动作时，会出现一段不可用的时间。如果业务对数据库的可用性要求较高，不建议使用基础版实例。

由于不提供备节点，主节点不会因为数据的实时备份产生额外的性能开销，因此基础版的性能相对于同样配置的高可用版或三节点企业版甚至有所提升。云数据库RDS计算与存储分离，计算节点的故障不会造成数据丢失，如图4.1所示。

图 4.1 计算与存储分离

基础版支持IP白名单、监控与报警、备份与恢复等基础功能，适用于小型网站或应用、个人学习、开发测试等应用场景。

2.RDS 高可用版

RDS高可用版是适用性较广的云数据库系列。采用一主一备的经典高可用架构，适合大部分用户场景，包括互联网、物联网、零售电商、物流、游戏等行业，如图4.2所示。

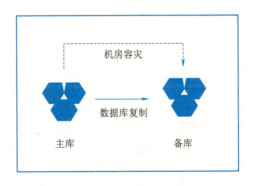

图 4.2 RDS 高可用版

RDS高可用版实例有一个备用实例，主实例的数据会通过半同步的方式同步到备用实例，如果主实例出现故障无法访问时，业务流量会自动转发到备用实例。需要注意的是，用户只能访问主实例，备用实例仅作为备份形式存在，不提供业务访问。

RDS高可用版实例的主备实例可以部署在同一地域中的相同或不同可用区。需要注意的是，基于性能考虑，RDS高可用版实例的主备实例不可以跨地域。

RDS高可用版实例具备常用的数据库技术，包括弹性伸缩、备份恢复、性能优化、读写分离等，最长可保存5年之内的SQL语句执行记录。

3.RDS 集群版

当前只有SQL Server 2017支持RDS集群版，同时该版本实现了计算与存储分离。用户可购买只读实例实现数据库的读写分离，并且每个只读实例具备独立的内网连接，使其在单独使用只读实例时实现业务查询隔离。

RDS集群版在开通只读地址的同时会提供主实例地址，用户需要在应用程序中配置主实例地址与只读实例地址，使写请求转发到主实例，读请求转发到只读实例。

RDS集群版在购买后，默认只提供主实例与备用实例，没有只读实例，后续可进行扩容，最多支持7个只读实例，如图4.3所示。

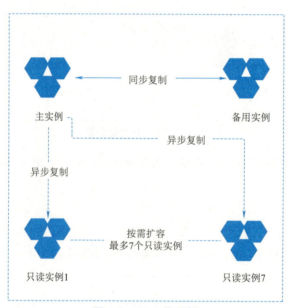

图 4.3　RDS 集群版

RDS集群版支持增加只读实例，从而增强数据库的读能力。并且集群中的只读实例规格允许与主实例不同，所以用户可通过获取更高规格的只读实例来增强集群的读能力。如果只读实例需要实现高可用，消除单点故障，至少需要创建两个实例。

用户可根据流量峰值的变化增加、减少只读实例，或修改只读实例的规格，实现数据库集群的优化。RDS集群版还支持最大性能模式设置，实现在业务高峰时设置主备节点异步复制，最大化利用系统集群性能。

4.RDS 三节点企业版

RDS三节点企业版是针对大型企业的云数据库版本，通常采用一主双备的三节点架构，主从节点之间的数据会同步复制，从而保持数据的强一致性。

RDS三节点企业版支持在同一地域的三个可用区之间部署实例,本身具备跨可用区的容灾能力,还可以通过创建异地实例实现异地容灾。

4.1.3 实例规格族

RDS的实例规格族包括共享规格(入门级)、通用规格(入门级)、独享规格(企业级)和专属规格。

1. 共享规格

共享规格的实例在独享分配到的内存时,在物理机上与其他实例共享CPU资源与存储资源。通过资源复用的手段使物理机的CPU使用率最大化,性价比较高,但可能发生资源争抢,如图4.4所示。

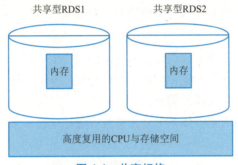

图 4.4　共享规格

共享规格适用于追求高性价比,需要减轻使用成本或稳定性要求较低,但需要SQL Server高可用保障业务可用性的场景。

2. 通用规格

与共享规格相同,通用规格的实例在独享分配到的内存的同时,在物理机上与其他实例共享CPU资源与存储资源。CPU资源少量复用,复用率小于共享型实例并且存储大小不和CPU及内存绑定,可以由用户自定义配置,如图4.5所示。

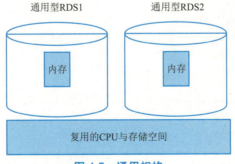

图 4.5　通用规格

通用规格适用于对性能稳定性要求较低的应用场景。

3. 独享规格

独享规格在物理机中独享CPU和内存资源,且性能稳定,不会受到物理机中其他实例的影响。独享规格的最高配置是独占物理机中的所有资源,且该物理机中只有一个实例,如图4.6和图4.7所示。

图 4.6 独享规格 - 本地磁盘　　　　　图 4.7 独享规格 - 云盘

独享规格适用于以数据库为核心系统的业务场景，如金融、电商、政务、大中型互联网业务等。

4. 专属规格

专属规格允许用户登录进行运维管理操作，可完全由用户控制管理，并独享虚拟主机或物理机中的所有资源。用户可在主机上部署多个数据库实例，如此一来，专属规格既具备了云数据库的灵活性，又可以满足企业对数据库高性能、安全性的需要。

专属规格主机自主可控，自有运维体系上云，并且资源超分配，可降低企业综合使用成本。

4.2 实例获取

进入阿里云官方网站的产品菜单中，选择"数据库"类型即可查看当前所有数据库产品，如图4.8所示。

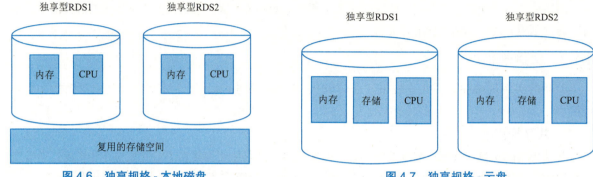

图 4.8 数据库云产品

在数据库选项中单击"云数据库RDS MySQL版"选项，进入云数据库RDS MySQL版的主页面，在该页面中下拉至产品类型列表，如图4.9所示。

云数据库RDS MySQL版共分为两大类，分别是入门级与企业级。入门级的实例都是基础版，适用于个人使用或学习，配置较低；企业级适用于企业使用，配置较高。单击"企业级"标签进入企业级产品列表页面，如图4.10所示。

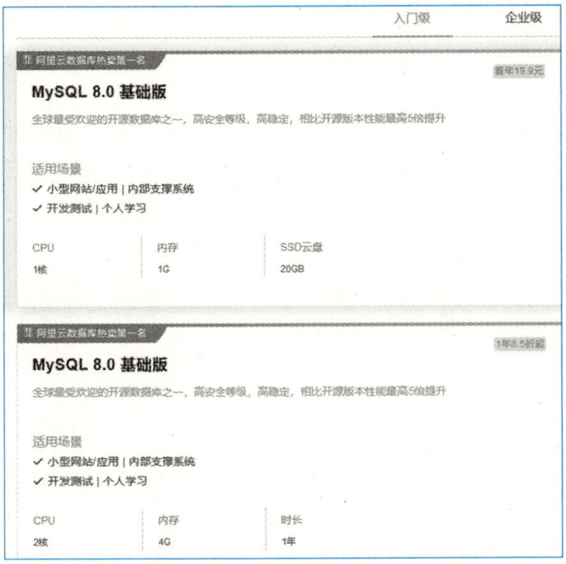

图 4.9　产品类型列表

图 4.10　企业级产品列表页面

企业级的实例类型较多，能够分别应对不同的应用场景，其中包括通用型、性能优化、高并发、安全保障等。单击"入门级"标签，单击实例下方的"立即购买"按钮即可进入购买配置界面，如图4.11所示。

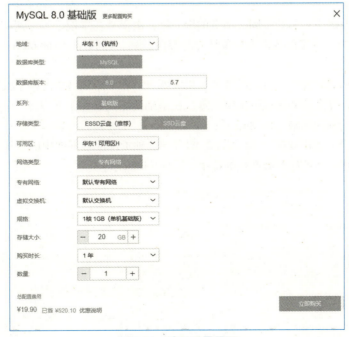

图 4.11　购买配置界面

在购买配置界面中单击"更多配置购买"超链接，进入基础资源配置界面，如图4.12所示。

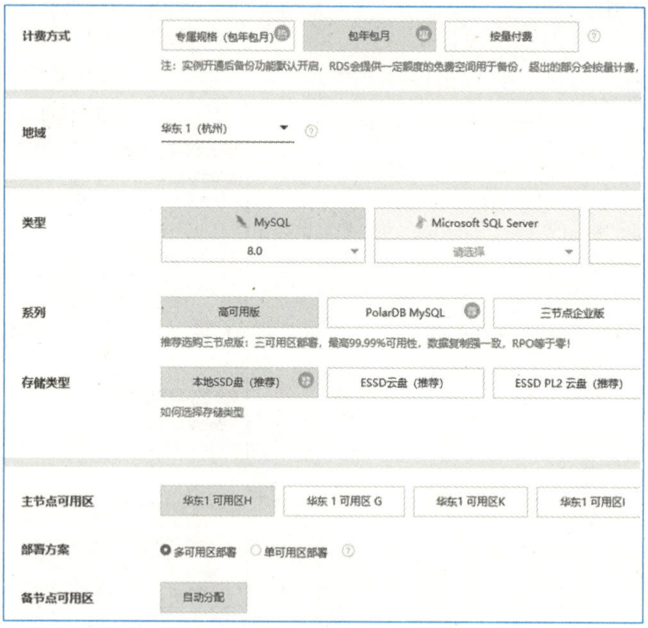

图 4.12　基础资源配置界面

在基础资源配置界面选择适合的计费方式、地域等配置。类型是用于配置数据库软件及其版本的选项，可选的数据库版本有MySQL、Microsoft SQL Server、PostgreSQL、MariaDB等。其中，MariaDB是MySQL的分支，可以完全兼容MySQL。在业务稳定或一年之内不需要扩容的情况下，可以选择PolarDB MySQL系列。

本地SSD盘是与数据库实例处于同一节点的SSD盘，由于是在本地，读写速率较快。SSD云盘通常应用于分布式存储架构，可帮助数据库实现计算与存储分离。增强型（Enhanced）ESSD云盘，是阿里云推出的高性能存储云盘。

如果需要考虑实例的容灾性，可以配置多可用区部署。在一个地域中的两个或多个可用区部署相同的实例，能够有效防止突发事件造成的实例故障。在基础资源配置界面下方有一个实例规格列表，用户可以通过该列表配置实例的规格，如图4.13所示。

在个人学习时选择"通用规格（入门级）"即可。基础资源配置界面中的各项配置完成之后可以通过界面下方的计费栏查看当前配置会产生的费用，如图4.14所示。

图 4.13　实例规格列表

图 4.14　计费栏

确认基础资源配置界面中的配置无误后,单击计费栏中的"下一步:实例配置"按钮进入实例配置界面,如图4.15所示。

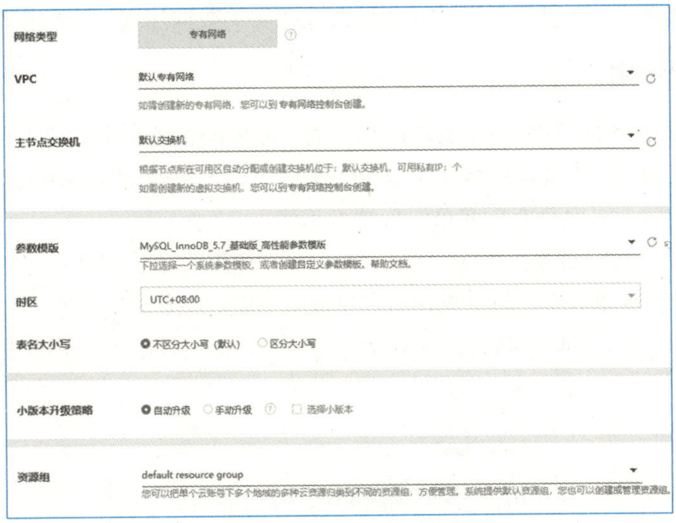

图 4.15 实例配置界面

如果需要批量管理实例的参数,可以使用参数模板功能,快速应用模板到实例上。参数模板分为系统参数模板和自定义参数模板两类。时区、表名大小写、小版本升级策略与资源组选项,可以根据实际情况进行配置。实例配置界面中的各项配置完成之后,单击计费栏中的"下一步:确认订单"按钮进入确认订单界面,如图4.16所示。

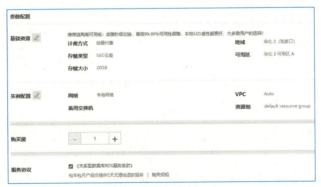

图 4.16 确认订单

在确认订单界面中确认配置信息无误后,阅读并勾选"《关系型数据库RDS服务条款》"复选框,单击计费栏中的"去支付"按钮即可购买实例。支付完成后,如图4.17所示。

图 4.17 开通成功

4.3 使用流程

用户获取数据库实例后,需要进行基本设置以及连接实例数据库进行管理操作。

4.3.1 白名单与安全组

创建RDS MySQL实例后,暂时还无法被访问,用户需要配置该实例的白名单。只有在白名单中的IP地址才能访问RDS实例,从而提高实例中数据的安全性。白名单是访问RDS的关键所在,建议定期维护。当数据库连接异常时,可以检查白名单设置是否正确。

为了便于管理,用户可以设置白名单分组(default),以组为单位管理白名单。需要注意的是,单个实例最多支持50个IP白名单分组,默认的IP白名单分组不能删除,只能清空。

在获取实例之后,进入管理控制台的实例列表,单击目标实例的实例ID进入详细信息界面,如图4.18所示。

图 4.18　详细信息界面

在详细信息界面中单击左侧菜单栏中的"数据安全性"选项,进入数据安全性界面,如图4.19所示。

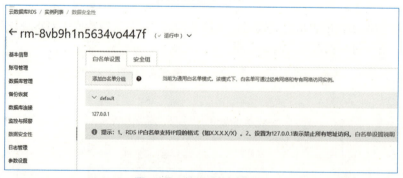

图 4.19　数据安全性界面

在数据安全性界面中单击"添加白名单分组"按钮,进入添加白名单分组界面,如图4.20所示。

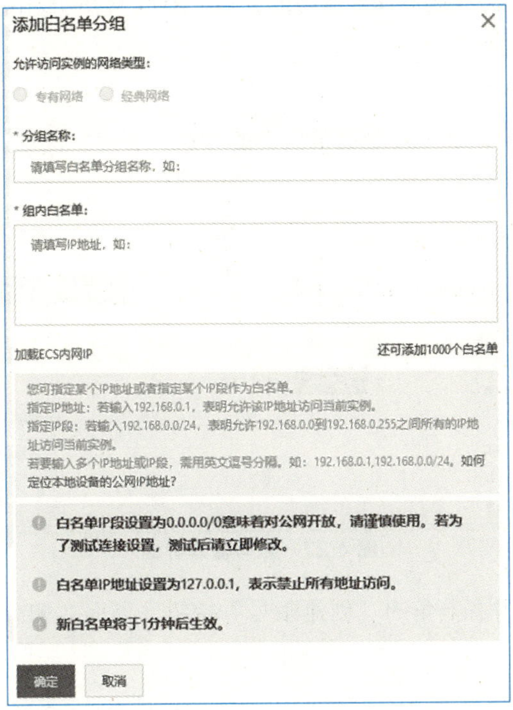

图 4.20　添加白名单分组界面

在白名单分组界面中添加分组名称与组内白名单之后,单击下方的"确定"按钮即可完成白名单的创建,如图4.21所示。

图 4.21　白名单创建完成

需要注意的是,白名单创建完成之后将于1 min后生效。

RDS实例只能添加与自身网络类型相同的安全组。例如,实例为专有网络VPC时,只能添加VPC类型的安全组。切换实例网络类型会导致安全组失效,需重新添加对应网络类型的安全组,并且单个RDS实例最多支持添加10个安全组。

4.3.2　数据库账号

1. 账号简介

RDS实例支持两种数据库账号,分别是高权限账号和普通账号。用户可以在控制台管理所有账号和数据库。需要注意的是,账号创建后,账号类型无法切换,用户可以删除账号后重新创建同名账号。

需要注意的是，高权限账号的最大建库数量为500，一旦拥有了一个高权限账号后，其他普通账号的建库数量将不再限制。为了减少误操作对业务的影响，RDS MySQL不提供Super权限，只能使用高权限账号管理所有普通账号和数据库。

2. 创建账号

在实例的详细信息界面中，单击左侧菜单栏中的"账号管理"选项进入账号管理界面，如图4.22所示。

图4.22 账号管理界面

在账号管理界面中，单击右上角的"创建账号"按钮，界面右侧会弹出一个创建账号界面，如图4.23所示。

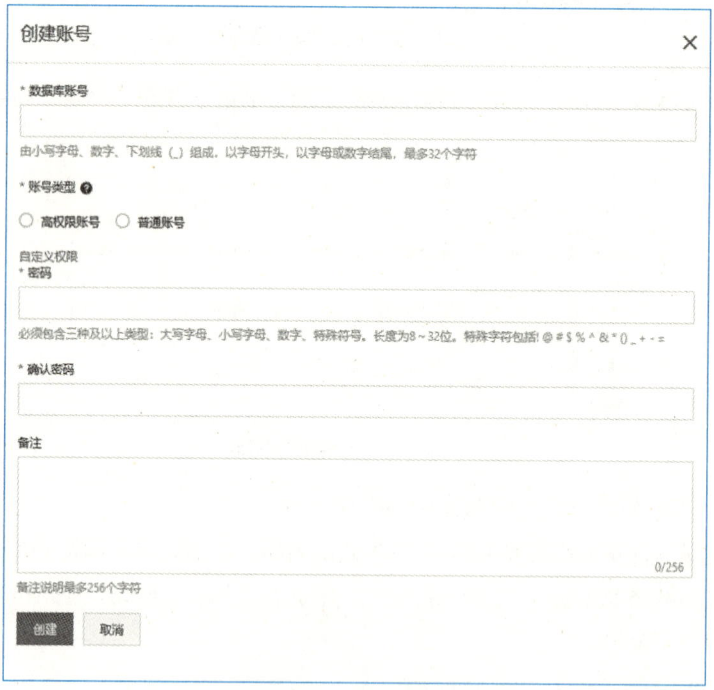

图4.23 创建账号界面

在创建账号界面中填入相关的信息，即可创建账号。其中，账号名称要求长度为2~16个字符，以字母开头，以字母或数字结尾，由小写字母、数字或下画线组成。在账号类型项下可以选择即将创建的账号是高权限账号还是普通账号。账号信息填写完成之后，如图4.24所示。

第 4 章 云数据库

图 4.24　填写信息

账号信息填写完成之后,单击左下角的"创建"按钮即可完成该账号的创建,如图 4.25 所示。

图 4.25　账号列表

3. 创建数据库

在实例的详细信息界面中,单击左侧菜单栏中的"数据库管理"选项进入数据库管理界面,如图 4.26 所示。

图 4.26　数据库管理界面

在账号管理界面中，单击右上角的"创建数据库"按钮，弹出创建数据库界面，如图4.27所示。

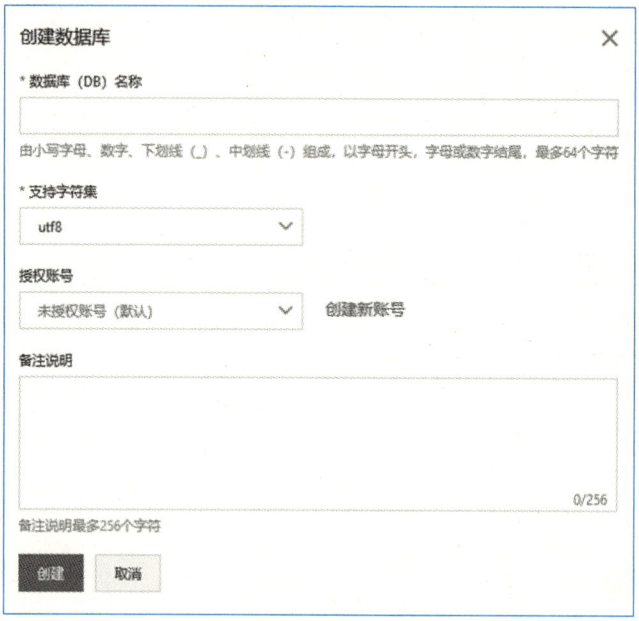

图 4.27　创建数据库界面

在创建数据库界面中填入相关信息，即可创建数据库。其中，数据库名称要求长度为2~16个字符，以字母开头，以字母或数字结尾，由小写字母、数字或下画线组成。需要注意的是，数据库名称必须是该实例中唯一的。授权账号项用于选中需要访问本数据库的账号。本参数可以留空，在创建数据库后再绑定账号。需要注意的是，此处只显示普通账号，因为高权限账号拥有所有数据库的所有权限，不需要授权。账号信息填写完成之后，如图4.28所示。

图 4.28　填写信息

在数据库信息填写完成之后,单击左下角的"创建"按钮即可完成数据库的创建,如图4.29所示。

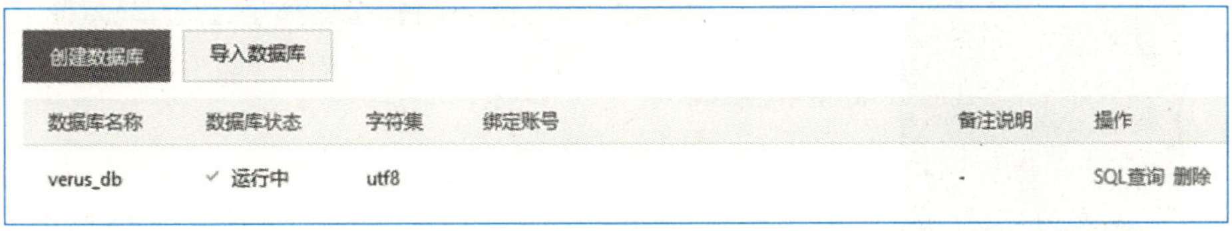

图 4.29　数据库列表

4.3.3　连接数据库

在数据库列表中,单击任意数据库操作项下的"SQL查询"选项,进入DMS登录界面,如果没有授权DMS系统默认角色,则会弹出云资源授权窗口,如图4.30所示。

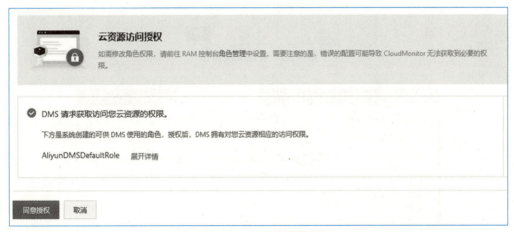

图 4.30　云资源授权窗口

单击云资源授权窗口中的"前往RAM角色授权"按钮,进入访问控制界面,如图4.31所示。

图 4.31　访问控制界面

在访问控制界面中,单击左下角的"同意授权"按钮即可完成授权。完成授权之后即可进入DMS界面,如图4.32所示。

在DMS界面中,单击左侧菜单栏中未登录实例中的实例后,将弹出"请先登录"选项,单击该选项后,将弹出登录实例窗口,如图4.33所示。

在登录实例窗口中输入正确的数据库账号与密码,单击右下角的"确认"按钮即可登录该数据库,如图4.34所示。

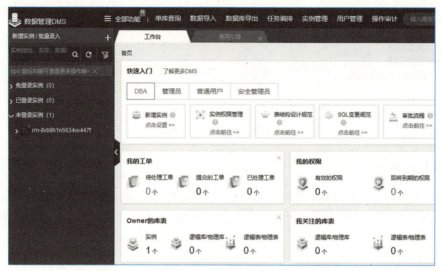

图 4.32　DMS 界面

图 4.33　登录实例窗口

图 4.34　数据连接界面

除了通过RDS控制台跳转到DMS进行登录，用户还可以登录DMS控制台直接录入RDS实例，录入后可以在DMS控制台快速登录数据库。

4.4 RDS 实例监控

RDS提供了丰富的性能监控项，用户可以通过RDS管理控制台查看实例的资源监控、引擎监控和部署监控数据。自治服务能够提供更丰富的监控服务及智能诊断优化。需要注意的是，修改监控频率时，部分监控频率需要付费支持。

4.4.1 查看资源

在实例的详细信息界面，单击左侧菜单栏中的"监控与报警"选项，进入监控与报警界面，如图4.35所示。

图 4.35 监控与报警界面

在"标准监控"页面中可以选择不同类型的监控，分别是资源监控、引擎监控与部署监控。资源监控包括磁盘空间、IOPS、连接数、CPU内存使用率以及网络流量。引擎监控包括TPS/QPS、InnoDB、临时表数量、MySQL_COMDML、MySQL_RowDML、MyISAM以及运行中的线程数。

4.4.2 监控频率

RDS MySQL提供3种监控频率，分别是5 s/次、60 s/次与300 s/次。其中，5 s/次只支持高可用版与三节点企业版内存大于或等于8 GB的实例，并且需要付费支持。60 s/次与300 s/次都是免费支持的，但基础版实例不支持60 s/次。

在监控与报警界面中，单击右上角的"监控频率设置"按钮，弹出监控频率设置窗口，如图4.36所示。

图 4.36 监控频率设置窗口

用户可以在监控频率设置窗口中根据具体业务需求选择响应的监控频率。

小　　结

本章主要讲解了RDS云数据库的概念、RDS云数据库的实例获取、RDS云数据库的使用流程以及RDS云数据库的监控功能。通过本章的学习，希望读者能够了解到RDS云数据库的获取方式，熟悉实例的管理方式，掌握实例的监控配置，从而实现通过RDS云数据库构建安全可靠的云上数据库。

习　　题

一、填空题

1. _____是一种稳定可靠、可弹性伸缩的在线数据库服务。
2. 云数据库RDS提供多种_____，确保用户的数据不会丢失。
3. 云数据库RDS的实例包括四个系列：_____、_____、_____和_____，在控制台上还额外提供PolarDB MySQL集群版的购买入口。
4. RDS的实例规格族，包括_____、_____、_____和_____。
5. RDS提供三种存储类型，包括_____、_____和_____。

二、选择题

1. 下列选项中，不属于云数据库RDS规格族的是（　　）。
    A. 共享规格　　　　　　　　　　B. 通用规格
    C. 专属规格　　　　　　　　　　D. 默认规格
2. 下列选项中，能够使云数据库RDS拒绝指定IP地址访问的是（　　）。
    A. 安全组　　　　　　　　　　　B. 白名单
    C. 数据库账号　　　　　　　　　D. 机器组
3. 下列选项中，能够使云数据库RDS允许指定IP地址访问的是（　　）。
    A. 安全组　　　　　　　　　　　B. 白名单
    C. 数据库账号　　　　　　　　　D. 机器组

4. 下列选项中，属于云数据库 RDS 数据库账号功能的是（　　）。
   A．登录数据库　　　　　　　　B．修改安全组
   C．测试线路　　　　　　　　　D．创建白名单
5. 下列选项中，不属于云数据库 RDS 能够实现的监控频率的是（　　）。
   A．5 s/次　　　　　　　　　　B．300 s/次
   C．60 s/次　　　　　　　　　 D．0.1 s/次

三、思考题

1. 简述云数据库 RDS 的概念及用途。
2. 简述云数据库 RDS 的使用流程。

四、操作题

通过阿里云官网获取云数据库 RDS 实例并为其配置监控与报警。

第 5 章

负载均衡 SLB

本章学习目标
◎ 了解负载均衡 SLB 的概念
◎ 熟悉负载均衡 SLB 的日常维护
◎ 掌握负载均衡 SLB 的管理方式

负载均衡是大型网站架构中常见的配置,既可以增强架构的稳定性,又可以增加网站的安全性。在配置云上架构时,负载均衡也可以配置在云端,用来减轻服务器压力,进行流量分发。目前众多公有云厂商已经推出了各具特色的云上负载均衡,其中阿里云官方推出的云上负载均衡称为负载均衡SLB。本章将对阿里云的SLB负载均衡的功能及其相关内容进行讲解。

5.1 了解负载均衡 SLB

5.1.1 负载均衡 SLB 简介

负载均衡(Load Balance,LB)是一种跨多个应用程序实例的,用于优化资源利用率、扩大网站吞吐量、减少网络延迟和确保容错配置的常用技术。负载均衡的主要功能是将流量按照一定的规律分发到不同的后端服务器,以保证后端服务器不会因流量过多而崩溃,如图5.1所示。

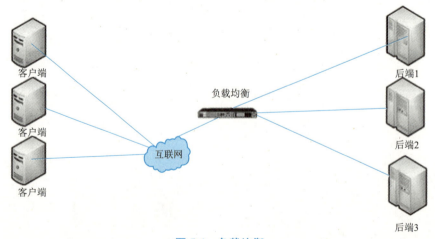

图 5.1 负载均衡

负载均衡SLB（Server Load Balancer）是一种分发流量，减轻Web服务器压力的服务，它将流量根据不同的需求分发到后端Web服务器，从而增强Web服务器的吞吐能力，有效防止单点故障，提高网站稳定性。

负载均衡SLB会将接收到的HTTPS数据包进行解密，将解密后的数据包转发到后端Web服务器，使Web服务器每次收到的都是解密后的HTTP数据包，从而减轻Web服务器的工作负载，节省算力。Web服务器每次都将处理完成的HTTP数据包返回给负载均衡SLB，再由负载均衡SLB将HTTP数据包加密后，返回给客户端，使客户端每次都能收到HTTPS数据包，从而节约了Web服务器加密数据包所需的算力，也增强了数据传输的安全性。

负载均衡SLB的具体功能如下：

1. 多协议支持

负载均衡SLB支持多种网络协议，作为四层负载，支持TCP、UDP等网络协议，作为七层负载，支持HTTP、HTTPS等网络协议。负载均衡SLB还支持QUIC应用传输协议，能够增强音频、视频与移动互联网应用之间的兼容性。另外，负载均衡SLB通过对GRPC协议的支持，实现大量微服务之间的快速通信。

2. 多层次容灾

负载均衡SLB具备了多层次容灾策略与高可用保障。健康检测机制能够定期检查后端服务器的状态，当检测到后端服务器故障时，负载均衡将不会再向该服务器转发流量，从而保证了业务的可用性。

用户可以在同一地域的多个可用区部署负载均衡SLB，实现同城容灾。通过集群部署，各实例之间能够实现会话同步，进而支持热升级，使用户无法感知到实例故障与集群维护。

3. 安全可靠

负载均衡SLB自带基础的安全防护功能，从而降低成本。四层负载均衡支持DDoS、SYN Flood、UDP Flood、ACK Flood等攻击的防护功能。七层负载均衡不仅支持四层负载均衡的防护功能，还支持集成Web应用防护系统，更专注保护应用层的数据。

另外，为了满足用户对安全可靠的传输功能的需求，负载均衡SLB提供了面向HTTPS协议与QUIC协议的证书管理系统。

传统的硬件型负载均衡需要用户在前期投入大量成本，而且只有在访问量大的时间段能够真正起到作用。负载均衡SLB能够按量付费与弹性伸缩，用户可以在访问量较大的时间段使用负载均衡，在访问量较小的时间段将负载均衡实例释放。

5.1.2 负载均衡 SLB 类型

阿里云负载均衡SLB分为两类，分别是传统型负载均衡CLB和应用型负载均衡ALB。

负载均衡CLB支持TCP、UDP、HTTP、HTTPS等协议，具备优秀的四层负载能力，同时也具备七层负载能力，但其更适合四层负载。

负载均衡ALB是面向七层的负载均衡，在业务处理方面具备较强性能。同时负载均衡ALB具备基于内容的高级路由特性，例如基于HTTP报头、Cookie与查询字符串进行转发、重写等。

5.1.3 负载均衡 CLB 简介

负载均衡将同一地域的后端ECS实例虚拟成为一个后端服务池，并按照转发规则将来自客户端的请求分发到后端服务池中的ECS实例。

负载均衡CLB会自动检测后端服务池中的实例状态，如果发现故障实例，负载均衡CLB将不会向该实例转发流量，从而消除了单点故障，提高了业务的可用性。另外，负载均衡SLB还具备针对DDoS攻击的防护功能，从而增强了业务的安全性。

负载均衡大致由以下三个部分组成。

1. 负载均衡实例（Instances）

负载均衡实例是承载负载均衡服务的主机，主要用于接收请求并转发到后端服务池。在使用负载均衡服务之前，必须创建负载均衡实例，并配置监听项与ECS实例。

2. 监听（Listeners）

监听的主要作用是检查客户端请求并将检查无误的请求转发到后端服务器。同时，监听也会检测后端服务器的状态。

3. 后端服务器（Backend Servers）

后端服务器用于接收来自负载均衡转发的请求，通常是一组ECS实例。用户可以直接在后端服务池中创建ECS实例，也可以部署虚拟服务器组，如图5.2所示。

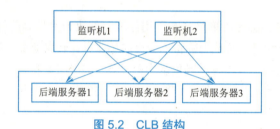

图 5.2 CLB 结构

5.2 负载均衡 CLB 配置

负载均衡将来自客户端的请求根据权重分发到各后端服务器，而后端服务器又根据不同的配置、业务等分为多个服务器组，如图5.3所示。

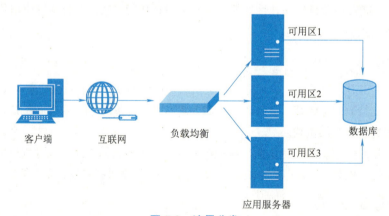

图 5.3 流量分发

下面演示负载均衡CLB的创建与运用。

5.2.1 配置 ECS

在选择实例地域时，需要注意的是，应选择与后端服务器相同的地域，并且尽量靠近目标用户。阿里云官方在多数地域提供了主备可用区服务。分别在同一地域的主可用区与备用可用区部署实例，当主可用区中实例故障时，备用可用区的实例能够接手故障实例的工作，从而替代故障实例。在选择实例地域时，可以选择提供主备可用区服务的地域，能够有效防止单点故障。

阿里云负载均衡根据网络可分为两种，一种是公网负载均衡，另一种是私网负载均衡。其中，公网负载均衡用于分发来自公网的流量，私网负载均衡用于分发来自内网的流量。需要注意的是，私网负载均衡只能通过阿里云内部网络进行访问，因为其没有公网IP地址，无法接收公网的流量。

四层负载均衡将请求直接转发到后端服务器。当客户端的请求到达负载均衡监听后，负载均衡会通过监听配置中的后端端口与后端服务器进行TCP连接。在七层监听中，负载均衡会在客户端的请求到达后，通过新的TCP连接HTTP协议访问后端服务器。相较于四层监听，七层监听在底层实现上多了一个Tengine处理环节，从而导致七层监听的性能较差。

在配置负载均衡之前，需要配置两台后端服务器。ECS云服务器是阿里云中常见的后端服务器，用户可以在其中部署任意业务。获取两台ECS云服务器实例，并开启80端口，供用户访问。连接ECS云服务器实例，并安装Apache服务，示例代码如下：

```
[root@Verus_1.0 ~]# yum -y install httpd
Loaded plugins: fastestmirror
Determining fastest mirrors
base                                                             | 3.6 kB  00:00:00
epel                                                             | 4.7 kB  00:00:00
extras                                                           | 2.9 kB  00:00:00
updates                                                          | 2.9 kB  00:00:00
...
Installed:

  httpd.x86_64 0:2.4.6-97.el7.centos
Dependency Installed:

  apr.x86_64 0:1.4.8-7.el7                                       apr-util.x86_64 0:1.5.2-6.el7
 httpd-tools.x86_64 0:2.4.6-97.el7.centos

  mailcap.noarch 0:2.1.41-2.el7

Complete!
[root@Verus_2.0 ~]# yum -y install httpd
Loaded plugins: fastestmirror
Determining fastest mirrors
base                                                             | 3.6 kB  00:00:00
epel                                                             | 4.7 kB  00:00:00
extras                                                           | 2.9 kB  00:00:00
```

```
updates                                                   | 2.9 kB  00:00:00
...
Installed:

  httpd.x86_64 0:2.4.6-97.el7.centos
Dependency Installed:

  apr.x86_64 0:1.4.8-7.el7                        apr-util.x86_64 0:1.5.2-6.el7
httpd-tools.x86_64 0:2.4.6-97.el7.centos

  mailcap.noarch 0:2.1.41-2.el7

Complete!
```

Apache服务安装完成之后，修改其网页配置文件，作为用户访问时的显示内容，示例代码如下：

```
[root@Verus_1.0 ~]# cat /usr/share/httpd/noindex/index.html
This is qianfeng.
[root@Verus_2.0 ~]# cat /usr/share/httpd/noindex/index.html
This is kouding.
```

Apache文件配置完成之后，开启服务，示例代码如下：

```
[root@Verus_1.0 ~]# systemctl  start httpd
[root@Verus_2.0 ~]# systemctl  start httpd
```

5.2.2 创建 CLB 实例

在阿里云官方网站中，将鼠标移动至左上角的产品项，在产品项中选择"网络与CDN"类型，如图5.4所示。

图 5.4 产品列表

在该类型的产品列表中单击"负载均衡SLB",进入负载均衡SLB界面,如图5.5所示。

图 5.5 负载均衡 SLB 界面

在负载均衡SLB界面中单击"CLB立即购买"按钮,进入负载均衡规格配置界面,如图5.6所示。

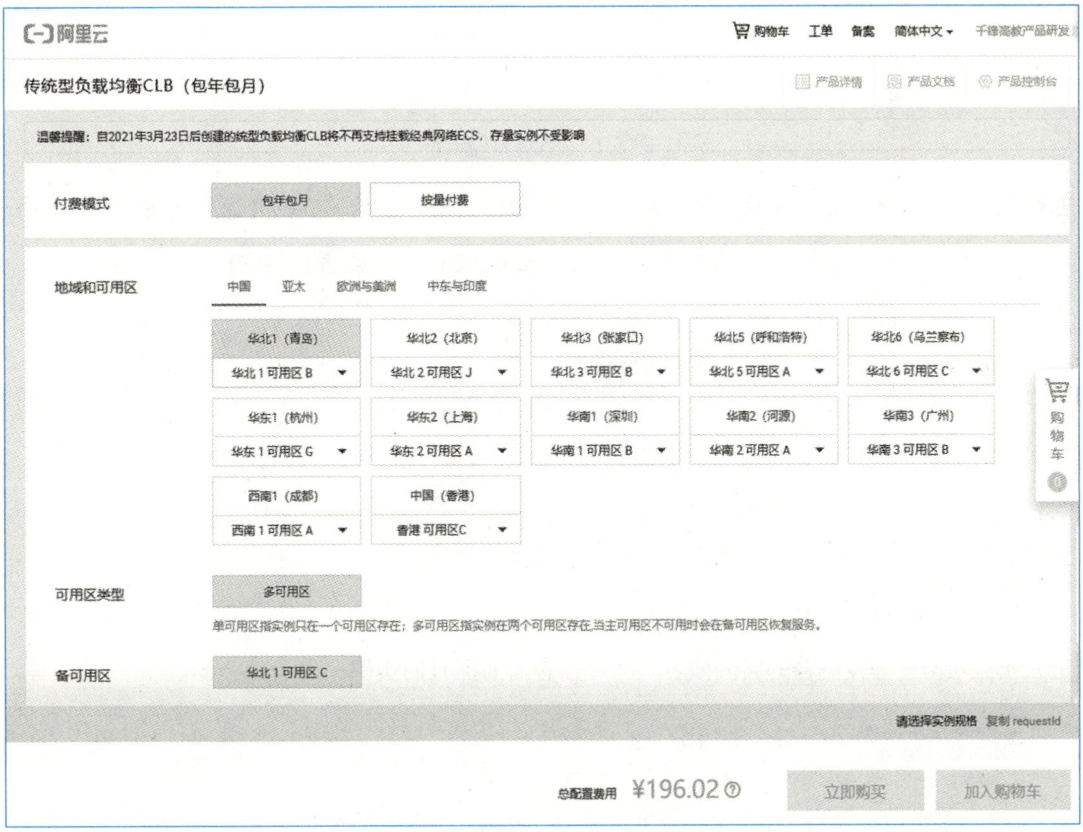

图 5.6 负载均衡规格配置界面

负载均衡的规格配置与ECS云服务器的配置方式大同小异,此处不再赘述。规格配置完成之后,单击下方计费栏中的"立即购买"按钮,进入确认订单界面,如图5.7所示。

图 5.7　确认订单界面

在确认实例信息无误后，阅读并勾选服务协议，单击计费栏中的"立即开通"按钮，如图5.8所示。

图 5.8　负载均衡开通成功

负载均衡开通之后，用户可以在管理控制台对其进行操作。

5.2.3　后端服务器

进入负载均衡管理控制台的实例列表，即可查看当前拥有的实例，如图5.9所示。

图 5.9　负载均衡实例列表

在负载均衡实例列表中，单击任意一台负载均衡操作项下的"监听配置向导"超链接，进入负载均衡业务配置向导界面，如图5.10所示。

图 5.10　负载均衡业务配置向导界面

负载均衡业务配置共分为4部分，分别是协议与监听、后端服务器、健康检查与配置审核。在协议与监听界面，用户需要选择负载均衡的协议、监听端口、监听名称，以及一些高级配置。负载均衡协议是指监听的网络协议，监听端口是负载均衡用来接收与转发流量的端口，监听名称允许用户自定义。协议与监听配置完成之后，单击下方的"下一步"按钮，进入后端服务器配置界面，如图5.11所示。

图 5.11　后端服务器配置界面

在后端服务器配置界面中，打开选择服务器组区域的下拉列表，选择"新建虚拟服务器组"选项，界面下方出现虚拟服务器的配置选项，如图5.12所示。

图 5.12　虚拟服务器配置选项

如果在已添加服务器列表中没有数据，那么说明还没有添加服务器。单击已添加服务器列表上方的"添加"按钮，进入添加服务器界面，如图 5.13 所示。

图 5.13　添加服务器界面

在添加服务器界面中，勾选需要添加的服务器，并单击左下角的"下一步"按钮，进入配置端口和权重界面，如图 5.14 所示。

图 5.14　配置端口和权重界面

在配置端口和权重界面，用户可以配置后端服务器接收请求的端口，以及流量分发时每个服务器所占的权重。需要注意的是，权重越大的服务器接收到的流量越大。端口和权重配置完成之后，单击下方的"添加"按钮即可完成后端服务器的添加，并继续后端服务器的配置，如图5.15所示。

图 5.15　健康检查配置界面

用户可以在健康检查配置界面开启健康检查，能够快速发现故障服务器。每隔一段时间，负载均衡会进行一次健康检查，当发现某一台后端服务器故障时，将不再向其分发流量，待到该服务器恢复之后，又会向其发送流量。健康检查配置完成后，单击下方的"下一步"按钮，进入配置审核界面，如图5.16所示。

图 5.16　配置审核界面

用户可以通过配置审核界面查看当前后端服务器的各项配置。确认后端服务器各项配置无误后，单击界面下方的"提交"按钮，即可完成配置。操作无误即可配置成功，如图5.17所示。

图 5.17　配置成功

后端服务器配置成功之后，打开负载均衡实例列表查看健康检查结果是否正常，如图5.18所示。

图 5.18　负载均衡列表

后端服务器的健康检查状态为正常时，用户就可以通过负载均衡访问后端服务器。在浏览器的网址栏中输入负载均衡的公网IP地址并访问，如图5.19所示。

图 5.19　访问负载均衡公网 IP 地址

由图5.19可知，访问负载均衡的公网IP地址即可访问到其中一台后端服务器。如果两台后端服务器的权重一样，再次进行访问负载均衡的公网IP地址将会访问到另外一台后端服务器，如图5.20所示。

图 5.20　再次访问负载均衡公网 IP 地址

5.2.4　主备服务器

为了保证业务的可用性，通常网站管理者会在网站架构中配置冗余设备。由一组主服务器为用户提供服务，再由另外一组或多组服务器作为备用。当为用户提供服务的服务器组故障时，由备用服务器组继续为用户提供服务，从而保证了业务的可用性。网站管理者可以在云上预先配置备用服务器，当主服务器故障时，备用服务器可以自动接替主服务器的工作，继续运行业务。

在负载均衡实例列表中，单击任意一台负载均衡实例ID，进入负载均衡实例详情界面，如图5.21所示。

图 5.21　负载均衡实例详情界面

在负载均衡实例详情界面中单击"主备服务器组"标签，进入主备服务器组界面，如图5.22所示。

图 5.22　主备服务器组界面

在主备服务器组界面中单击"创建主备服务器组"按钮，进入创建主备服务器组界面，如图5.23所示。

由图5.23可知，在当前创建主备服务器组界面中没有已添加的服务器，需要用户自行添加。在创建主备服务器组界面中，单击"添加"按钮，进入选择服务器界面，如图5.24所示。

图 5.24　选择服务器界面

在选择服务器界面中选中两台服务器后，单击界面下方的"下一步"按钮，开始配置端口，如图5.25所示。

图 5.25　配置端口

在实例列表的端口项中可以自定义各实例开启的后端端口，此处将端口设置为80。端口设置完成后，单击界面下方的"添加"按钮，返回创建主备服务器组界面，如图5.26所示。

图 5.26　创建主备服务器组界面

由图5.26可知，当前界面中已经添加了两台服务器，这两台服务器可以添加到主备服务器组中。在主备服务器组名称下的输入框中输入用户自定义的服务器组名称后，在当前创建主备服务器组界面中的实例列表选择一台实例作为主服务器，在机器类型选项中选择即可，选择完成后单击界面下方的"创建"按钮，弹出一个提示框询问是否确认以上操作，如图5.27所示。

图 5.27 提示框

在提示框中单击"确定"按钮，即可完成主备服务器组的创建，如图5.28所示。

图 5.28 主备服务器组界面

由当前主备服务器组界面可知，此时新创建的主备服务器组已经存在于主备服务器组列表中。主备服务器组配置完成之后，需要添加到负载均衡监听中才算真正应用到实践中。在负载均衡配置监听时，选择主备服务器组，如图5.29所示。

图 5.29 配置监听

将主备服务器组配置到监听中后，为了进行验证，需要分别在主备服务器组中的两台后端服务器中运行Apache服务。分别在两台后端服务器中安装Apache服务，示例代码如下：

```
[root@Verus_1.0 ~]# yum -y install httpd
Loaded plugins: fastestmirror
Determining fastest mirrors
...
  httpd.x86_64 0:2.4.6-97.el7.centos
Dependency Installed:

  apr.x86_64 0:1.4.8-7.el7                          apr-util.x86_64 0:1.5.2-6.el7
httpd-tools.x86_64 0:2.4.6-97.el7.centos

  mailcap.noarch 0:2.1.41-2.el7

Complete!
[root@Verus_2.0 ~]# yum -y install httpd
Loaded plugins: fastestmirror
Determining fastest mirrors
...
  httpd.x86_64 0:2.4.6-97.el7.centos
Dependency Installed:

  apr.x86_64 0:1.4.8-7.el7                          apr-util.x86_64 0:1.5.2-6.el7
httpd-tools.x86_64 0:2.4.6-97.el7.centos

  mailcap.noarch 0:2.1.41-2.el7

Complete!
```

Apache服务安装完成之后，修改其网页配置文件，作为用户访问时的显示内容，示例代码如下：

```
#修改主服务器网页配置文件
[root@Verus_1.0 ~]# echo 'master server' > /usr/share/httpd/noindex/index.html
#修改备用服务器网页配置文件
[root@Verus_2.0 ~]# echo 'standby server' > /usr/share/httpd/noindex/index.html
```

上述示例中，主服务器的网页配置文件为"master server"，备用服务器的网页配置文件为"standby server"。

Apache文件配置完成之后，开启服务，示例代码如下：

```
[root@Verus_1.0 ~]# systemctl  start httpd
[root@Verus_2.0 ~]# systemctl  start httpd
```

此时，通过浏览器访问负载均衡服务器的公网IP地址即可访问到主服务器的页面，并且无论访问多少次都只能访问到主服务器的页面。为了保证验证结果的准确性，此处选择使用火狐浏览器的隐私窗口进行访问，如图5.30所示。

图 5.30 访问结果

将主服务器中的Apache服务关闭,检测网站的可用性,示例代码如下:

```
[root@Verus_1.0 ~]# systemctl stop httpd
```

主服务中的Apache服务关闭后,再次访问负载均衡的IP地址,如图5.31所示。

图 5.31 访问结果

由图5.31可知,关闭主服务器中的Apache服务器之后,用户只能通过负载均衡访问到备用服务器提供的服务。

5.3 实例监控

阿里云默认提供负载均衡实例的监控系统,以便网站管理者能够及时获取到实例状态信息。在负载均衡实例列表中,单击任意一台实例监控项下的 图标即可查看当前实例的状态图,如图5.32所示。

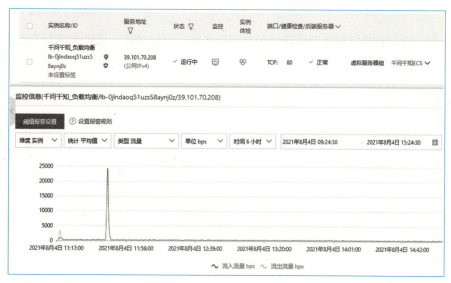

图 5.32 实例状态图

用户可以通过实例状态图上方的菜单栏选择需要查看的监控项，即可在状态图中展示出来。

单击实例状态图左上方的"设置监控报警"按钮，进入阈值报警界面，如图5.33所示。

图 5.33　阈值报警界面

由图5.33可知，当前没有设置任何报警规则，具体的规则配置需要用户自定义。单击阈值报警界面左上方的"创建报警规则"按钮，进入创建报警规则界面，进行手动创建报警规则。用户需要在创建报警规则时设置3部分主要信息，第一部分信息的大致内容是报警规则需要关联的资源，包含产品与资源范围，如图5.34所示。

其中，产品表示该报警规则所关联的阿里云产品名称，资源范围表示该报警规则所关联的资源范围。资源范围下拉列表中包含全部资源与实例两个选择，如果选择全部资源，那么与所选产品相关的所有资源到达报警阈值都会发生报警，如果选择实例，那么只有所选产品的实例到达报警阈值时才会发生报警。此处选择负载均衡的全部资源，如图5.35所示。

图 5.34　关联资源　　　　　　　　　图 5.35　关联资源配置示例

第二部分的大致内容是报警规则设置，包括规则名称、规则描述、通道沉默周期与生效时间，如图5.36所示。

图 5.36　设置报警规则

其中，规则名称表示该报警规则的名称，允许用户自定义，如果名称重复，那么该报警规则将覆盖之前的报警规则。规则描述表示当前报警规则的具体报警条件，其具体设置为一个报警阈值，例如一分钟之内并发数的平均值大于或等于10次/s，当实际数据到达报警阈值时，则触发报警。通道沉默周期表示在触发报警之后，故障没有被及时处理的情况下，每次报警之间的时间间隔。如果在沉默周期内实际状态再次达到报警阈值，那么不会触发报警，如果在沉默周期过后，实际状态仍处于报警阈值范围内，那么将再次触发报警。生效时间内表示该报警规则每天生效的时间范围。本示例中以"test"作为规则名称，将报警阈值配置为"实例每秒出包数的平均值大于或等于1次/秒"，如图5.37所示。

图 5.37 设置报警规则示例

第三部分的内容大致是通知方式，主要包括通知对象、报警级别、邮件备注与报警回调，如图5.38所示。

图 5.38 通知方式

其中，通知对象表示报警触发时，发送报警信息的目标，用户可以快速创建或从已有联系人中选择。报警级别表示触发报警事件的严重程度，程度越严重发送报警信息的媒体越多。邮件备注表示用户自定义的信息，选填。报警回调可以通过配置一个接收通知信息系统的RUL，在触发报警时能够通过HTTP协议将报警信息传到该系统。本示例将通知对象配置为云账号报警联系人，报警级别配置为Warning，如图5.39所示。

图 5.39　通知方式示例

通知方式配置完成之后，单击界面下方的"确认"按钮即可完成报警规则的添加，如图5.40所示。

图 5.40　阈值报警界面

由图5.40可知，之前添加的报警规则已经出现在阈值报警界面中，用户可以对其进行修改、删除、查看、禁用等操作。

因为之前配置的报警规则是"实例每秒出包数的平均值大于或等于1 次/s"，所以用户可以通过浏览器在一秒内对负载均衡进行多次访问（按【F5】键快速刷新界面）触发报警机制。通过访问测试，在绑定联系方式的情况下，用户可以很快接收到来自阿里云官方的短信提示，如图5.41所示。

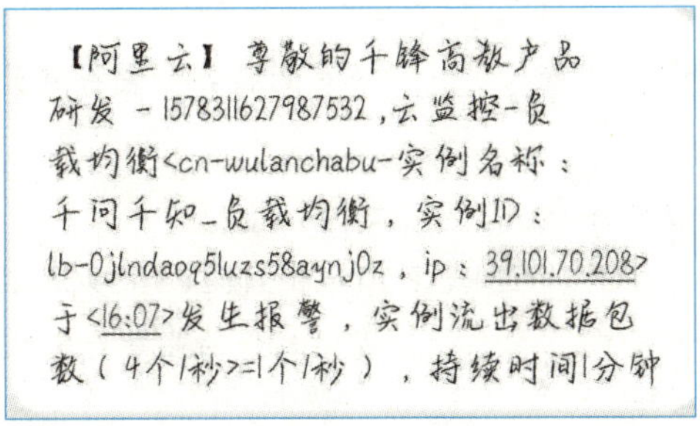

图 5.41 报警信息

由图5.41可知，当前用户已经接收到了报警信息，并且告知用户实例在一分钟之内每秒流出4个数据包。此时，刷新阈值报警界面后，可以看到当前报警规则为报警状态，如图5.42所示。

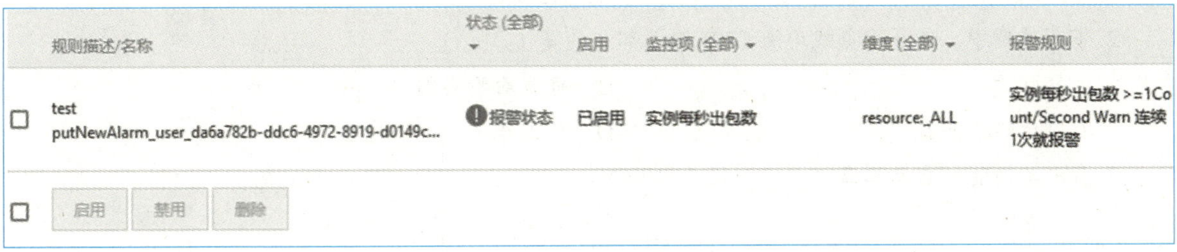

图 5.42 阈值报警界面

用户可以对主机监控中的监控项、站点监控中的探测点、云服务监控中的实例和自定义监控中的监控项设置报警规则。用户可以在全部资源、应用分组和单实例维度设置报警规则。报警服务支持电话、短信、旺旺、邮件、钉钉机器人等多种方式。旺旺仅支持PC端报警消息推送。如果安装了阿里云App，也可以通过阿里云App接收报警通知。

用户可以对站点监控中的探测点创建报警规则。站点监控中报警规则的统计周期和探点的探测周期是一致的。如果用户创建了1个探测周期为5 min的探测点，则报警规则的统计周期也为5 min，5 min监测一次探测点返回的数据，系统自动对比实际值是否超过阈值，并根据报警规则发送报警通知。

小　　结

本章主要讲解了负载均衡SLB的概念、负载均衡SLB的架构、负载均衡CLB的配置方式以及实例监控的配置方式。通过本章的学习，希望读者能够了解负载均衡SLB的概念与分类，熟悉负载均衡CLB的配置方式，掌握实例监控与报警配置方式。

习 题

一、填空题

1. _____是一种跨多个应用程序实例的，用于优化资源利用率、扩大网站吞吐量、减少网络延迟和确保容错配置的常用技术。
2. 负载均衡 SLB 是一种将流量进行_____分发的服务，它将流量按照不同的需求分发到不同的后端服务器。
3. 阿里云负载均衡 SLB 分为两类：_____和_____。
4. 传统型负载均衡 CLB 支持 TCP、UDP、HTTP 和 HTTPS 协议，具备强大的_____处理能力。
5. 应用型负载均衡 ALB 专门面向_____，提供超强的业务处理性能。

二、选择题

1. 下列选项中，不属于阿里云负载均衡产品的是（   ）。
   A. SLB   B. XLB
   C. CLB   D. ALB
2. 下列选项中，不属于负载均衡 CLB 组成部分的是（   ）。
   A. 监听   B. 负载均衡实例
   C. 后端服务器   D. 机器组
3. 负载均衡能够自动隔离（   ）状态的 ECS。
   A. 异常   B. 关闭
   C. 运行   D. 待机
4. 下列选项中，属于负载均衡监听功能的是（   ）。
   A. 健康检查   B. 修改安全组
   C. 测试线路   D. 创建白名单
5. 下列选项中，不属于负载均衡功能的是（   ）。
   A. 转发流量   B. 关闭后端服务器
   C. 监听流量   D. 健康检查

三、思考题

1. 简述负载均衡 ALB 与 CLB 的区别。
2. 简述负载均衡 CLB 的监控配置过程。

四、操作题

为负载均衡 CLB 配置后端主备服务器组，并为主服务器组配置实例监控。

第 6 章　对象存储 OSS

本章学习目标
◎ 了解对象存储 OSS 的概念
◎ 掌握对象存储 OSS 的日常维护
◎ 掌握对象存储 OSS 的管理方式

传统的计算机存储数据的方式是基于基础设备的，在基础设备的基础上通过配置服务器与数据库应用实现对数据的存储。整个部署过程比较烦琐，为了简化整个部署流程以及节约成本，大多数公有云厂商都推出了对象存储服务。本章将对阿里云的对象存储OSS服务及其相关知识进行讲解。

6.1　了解对象存储 OSS

6.1.1　对象存储 OSS 简介

阿里云OSS对象存储是由阿里云厂商推出的一套对象存储服务，具备了安全、低成本、高持久等优势。用户可以在任何应用、任何时间、任何地点向OSS存储和访问任意类型的数据。

阿里云为用户提供了一系列的管理接口与工具，用户可以通过这些接口或工具将数据传入或移出OSS。不仅如此，阿里云还为上传至OSS中的数据提供了多种不同的存储方式。常用的数据，如移动应用、大型网站、音视频等可以选择标准存储（Standard）方式。此外，还有低频访问存储（Infrequent Access）、归档存储（Archive）、冷归档存储（Cold Archive）3种允许长期存储与低频访问的存储方式。

OSS对象存储是阿里云数据存储的核心设备，通过多重冗余架构设计，为数据的持久存储提供了可靠保障。另外，对象存储OSS也基于高可用架构设计，完全消除了单点故障，保证了业务的持续性。在安全方面，对象存储OSS提供了企业级的多层安全防护，包括客户端加密、服务端加密、防盗链、日志审计、IP黑名单等防护手段。

6.1.2　OSS 基本概念

1. 存储空间（Bucket）

存储空间是用于存储数据的容器，OSS中的所有对象都必须存储在存储空间中。存储空间具备地域、访问权限、存储类型等属性，具体属性可以由用户在创建存储空间时，根据实际需求进行配置。用户可以按照不同的数据类型，将数据存储到不同的存储空间中。每个存储空间内的对象数量是没有限制的，因此无须考虑存储空间的大小。每个用户允许拥有多个存储空间，但每个存储空间的名称必须是该OSS

中唯一的,并且存储空间的名称一旦创建将无法修改。

2. 对象(Object)

对象是OSS存储数据的基本单元。一个完整的对象由元信息(Object Meta)、用户数据(Data)和文件名(Key)组成,并且每个对象都有一个Key,作为在存储空间中的唯一标识。元信息由一组或多组键值对组成,主要包含对象的属性,如最后修改时间、对象大小等。另外,用户也可以自定义一些元信息。

从成功上传到存储空间到被删除为止,是对象的整个生命周期。在对象的生命周期内,通过追加方式上传到存储空间的对象,其内容是可以编辑的,其他方式上传的对象内容无法被编辑。用户可以通过上传同名的对象来覆盖之前的对象,以达到更改对象内容的目的。

3. ObjectKey

ObjectKey与ObjectName、Key均表示在对对象执行操作时所使用的对象名称。

4. 地域(Region)

地域表示OSS的物理设备所在的物理位置。用户可以根据实际需求选择适合的地域创建存储空间。通常,选择距离用户近的地域访问速度更快。

地域由用户创建存储空间时设置,地域设置完成后无法更改。该存储空间中的所有对象都会存储到对应地域的数据中心。

5. 访问域名(Endpoint)

访问域名是OSS对外服务的访问域名。OSS以HTTP RESTful API的形式对外提供服务,不同的对象对应不同的域名,如果分别通过内网与外网访问同一个对象,所使用的域名不同。

6. 访问密钥(AccessKey)

访问密钥(AccessKey,AK)指在访问身份验证中需要使用的AccessKeyID和AccessKeySecret。OSS使用AccessKeyID和AccessKeySecret进行对称加密,通过该加密方式验证请求者的身份。其中,AccessKeyID用于标识用户;AccessKeySecret用来加密与验证签名字符串的密钥。

用户需要在OSS中创建至少一个Bucket才能够在OSS中存储数据。Bucket创建完成后,用户可以通过不同的方式向Bucket中上传文件,以及将Bucket中已存在的文件通过RUL下载到本地。当不需要保留Bucket中的文件时,用户可以进行手动删除,也可以给文件配置生命周期规则,到达生命周期规则设定的时间后,文件会被自动删除。

6.2 Bucket 的应用

用户可以在控制台创建Bucket,将一些文件上传到Bucket中,再将Bucket中的文件通过URL下载到本地或分享给第三方。

在阿里云产品列表中单击"对象存储OSS",进入对象存储OSS界面中,如图6.1所示。

在对象存储OSS界面中单击"立即开通"按钮,会进入提示界面,提示用户当前没有开通对象存储OSS,如图6.2所示。

单击提示界面中的"立即开通"按钮,进入对象存储OSS开通界面,如图6.3所示。

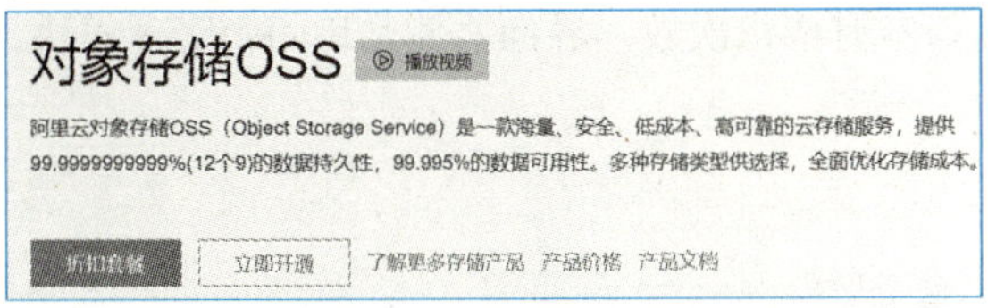

图 6.1 对象存储 OSS

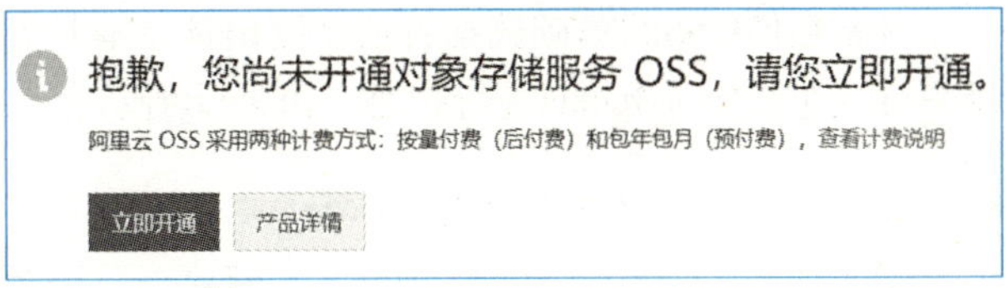

图 6.2 提示界面

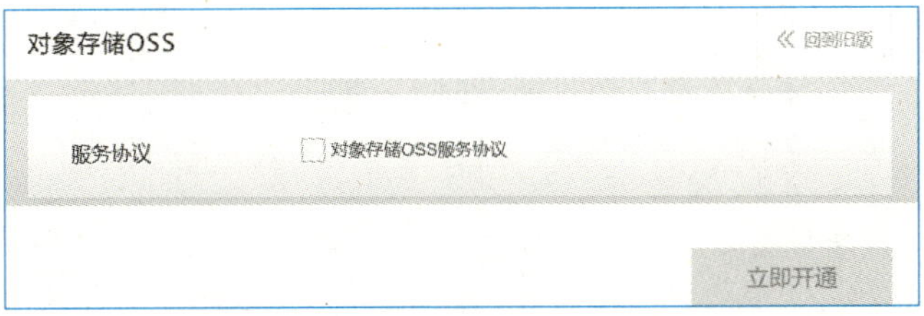

图 6.3 对象存储 OSS 开通界面

用户需要单击"对象存储OSS服务协议"超链接并阅读服务协议，确认无误后勾选"对象存储OSS服务协议"复选框，单击界面右下角的"立即开通"按钮完成开通，如图6.4所示。

图 6.4 开通成功

由图6.4可知，此时对象存储OSS服务已经开通成功。对象存储开通后不会直接产生费用，只有使用存储时才会产生费用。单击"管理控制台"按钮，进入对象存储OSS的管理控制台。对象存储OSS的管理控制台界面中分为多个板块，界面上边是当前对象存储OSS的基础数据，如图6.5所示。

图 6.5 基础数据

对象存储OSS的基础数据包括存储用量、本月流量与本月请求次数。界面右侧是Bucket管理板块，用户可以在此处对Bucket进行管理，如图6.6所示。

图 6.6　Bucket 管理

由图6.6可知，当前还未创建任何Bucket。单击下方的"创建Bucket"按钮，开始创建Bucket，如图6.7和图6.8所示。

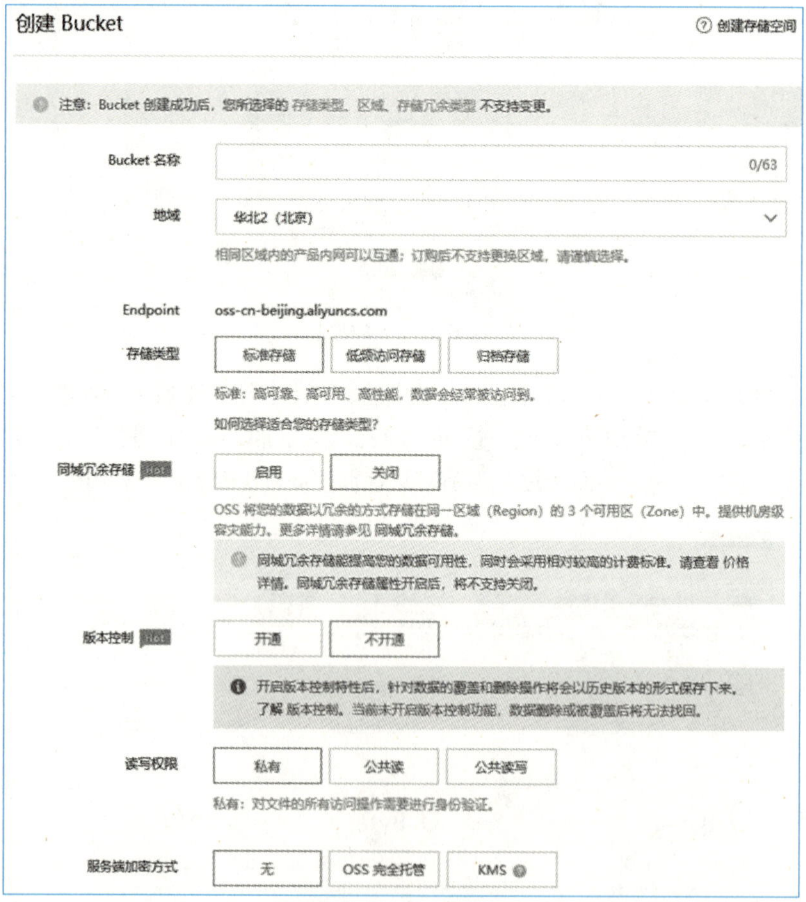

图 6.7　创建 Bucket 一

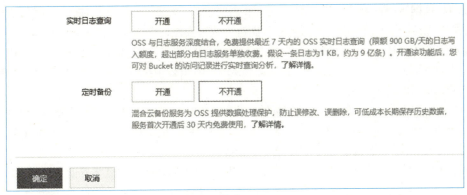

图 6.8　创建 Bucket 二

其中Bucket名称允许用户自定义，地域由用户自行选择，而且同一地域之间的产品内网可以互通。存储类型是对象存储方式，包括标准存储、低频访问存储与归档存储。标准存储允许用户高频率访问；低频访问存储适合长期存储、访问频率低的文件；归档存储适合长期存储、基本不被访问的文件。标准存储产生的费用最高，低频率访问存储次之，归档存储产生的费用最低。

同城冗余存储是一种数据容灾手段，通过在同一地域中的多个可用区备份数据达到容灾的目的。需要注意的是，同城冗余存储能够提高数据的可用性，但会产生较高的费用，并且一旦开启将无法关闭。

版本控制是一种数据保护方式，在一些数据被修改或删除时自动生成历史版本，便于数据恢复。通常情况下，用户对一些文件做出修改后，现有的文件将直接覆盖源文件，而版本控制直接使源文件生成历史版本，如图6.9所示。

通常用户删除一些文件后，文件将无法找回。版本控制在用户删除文件时并非真的删除文件，而是在源文件中添加一个删除标识，表示该文件在删除状态。当有相同名称的文件上传到Bucket时，源文件将被覆盖，如图6.10所示。

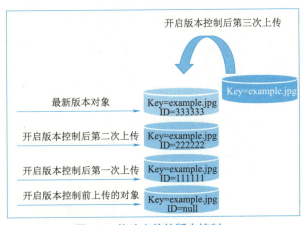

图 6.9　修改文件的版本控制

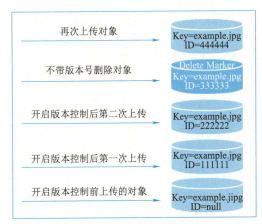

图 6.10　删除文件的版本控制

当文件内容被误删除或误修改时，用户可以根据Bucket中存储的历史版本进行恢复。

读写权限是其他用户对Bucket中内容的权限，分为3种：即私有、公共读与公共读写。其中，私有表示任何用户访问数据都需要进行身份验证，否则拒绝访问。公共读表示在不进行身份验证的情况下允许其他用户匿名对数据进行读操作，但不允许进行匿名写操作，如果需要执行写操作，那么就需要进行身份验证。公共读写表示任何用户都可以匿名对数据进行读写操作，但选择此方式会使数据安全性降低。

服务端加密方式是Bucket中数据的加密方式，包括两种加密方式：OSS完全托管与KMS。OSS完全托管包含两种加密算法，分别是AES256与SM4。KMS是阿里云数据安全中心的加密功能，使用该选项需要开通密钥管理服务。

Bucket中的数据允许用户访问，但在访问的同时会产生日志。而日志查询功能与OSS进行了整合，允许用户在OSS中查询日志。如果开通了实时日志查询，用户可以免费查询7日之内的日志。如果设置的日志存储时间大于7天，那么超出7天的部分将产生费用。

Bucket配置完成后，单击界面下方的"确定"按钮，进入新Bucket的概览界面，如图6.11所示。

图 6.11 Bucket 概览

在Bucket概览界面单击左侧菜单栏中的"文件管理"进入文件管理界面，如图6.12所示。

图 6.12 文件管理

在文件管理节点单击上方的"新建目录"按钮，创建新目录，如图6.13所示。

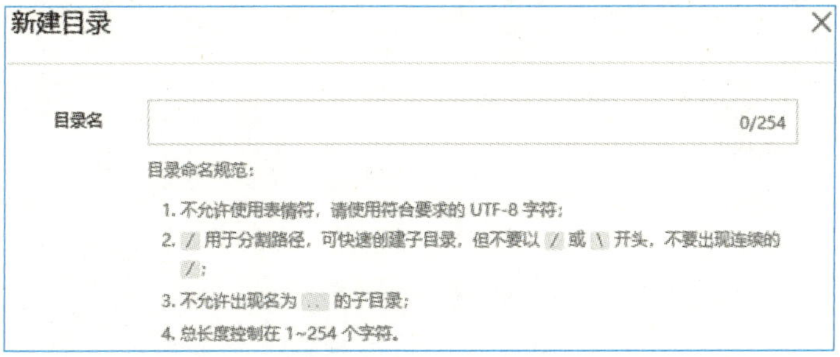

图 6.13 新建目录

根据提示在目录名输入框中输入自定义的目录名称，然后单击下方的"确定"按钮完成目录的创建，如图6.14所示。

图 6.14 目录创建完成

单击目录名称即可进入该目录中，如图6.15所示。

图 6.15 目录中

用户可以在Bucket中创建多个目录，以便管理大量文件。单击界面上方的"上传文件"按钮即可上传文件，如图6.16所示。

图 6.16 上传文件

用户可以将文件上传到当前目录或指定目录下。文件ACL表示文件的权限，如果选择继承Bucket，那么此次上传的每个文件权限将与Bucket设置的权限一致。用户可以通过扫描本地文件或文件夹选择需要上传的文件，如图6.17所示。

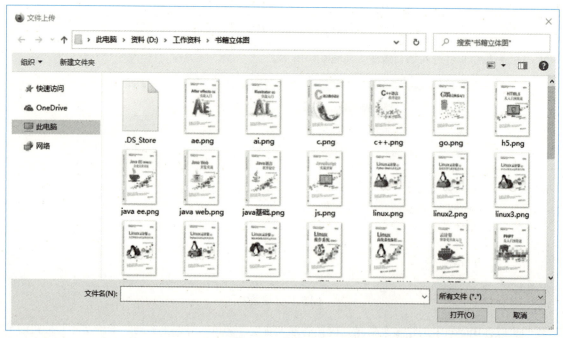

图 6.17 文件上传

文件选择完成后，可以在界面下方的"高级选项"区域进行配置，如图6.18所示。

图 6.18　高级选项

高级选项中包含存储类型、服务端加密方式与用户自定义元数据。其中用户自定义元数据用于标识文件。配置完成后，单击界面下方的"上传文件"按钮进行文件上传，如图6.19所示。

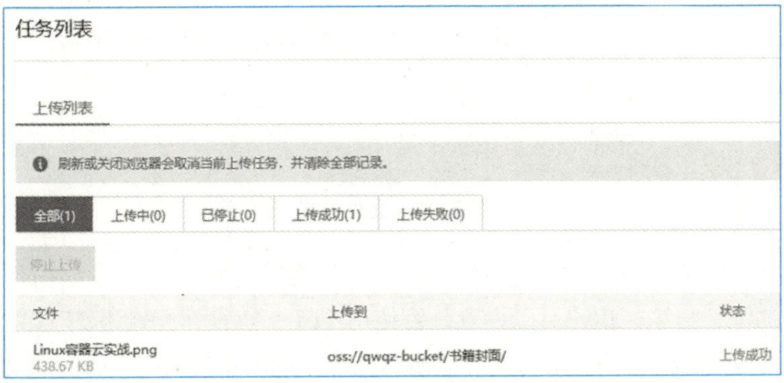

图 6.19　任务列表

OSS通过任务列表向用户展示文件上传的进度。文件上传之后，进入文件所在的目录下即可进行查看，如图6.20所示。

图 6.20　Bucket 中的文件

在目录下只能查看到文件的名称、大小、存储类型与更新时间，单击文件名可查看该文件的详细信息，如图6.21所示。

图 6.21　文件详情

文件详情中包括文件名、ETag、类型等信息。如果是图片文件，那么在文件详情中可以直接预览。其中，ETag是文件的唯一标识。用户可以设置是否使用HTTPS协议，相较于HTTP协议，HTTPS协议增加了安全协议。用户可以将URL分享给第三方，使其能够通过浏览器访问URL获取文件。

在目录中，将鼠标指针移动至文件操作项下的"更多"处，会弹出一个菜单栏，如图6.22所示。

菜单栏中包含了标签、设置HTTP头、设置软链接等操作。其中标签是由用户对存储对象设置的标识，以键值对的形式存在，如图6.23所示。

图 6.22　菜单栏　　　　　　　　图 6.23　标签

用户可以自定义存储对象的HTTP头部信息，主要在第三方访问时使用，如图6.24所示。

图 6.24 设置 HTTP 头

HTTP头部信息设置中，Content-Type表示资源内容的类型，Content-Encoding表示资源内容的编码格式信息，Content-Language表示存储对象支持的语言，Content-Disposition表示存储资源的访问形式，Cache-Control表示资源缓存信息，Expires表示资源过期时间，元数据是用户自定义在HTTP头部的信息。其中，存储资源的访问形式包括直接在浏览器打开（inline）与下载到本地（attachment）。资源内容的类型通常系统会根据实际情况自动填写，但也允许用户自定义。HTTP头部信息设置示例如图6.25所示。

图 6.25 设置 HTTP 头部

HTTP头部信息设置完成后,单击下方的"确定"按钮即可应用这些信息。

打开浏览器,并按【F12】键进入开发者模式,如图6.26所示。

图 6.26　开发者模式

在开发者模式中单击上方菜单栏中的"网络"选项,进入网络界面,如图6.27所示。

图 6.27　网络界面

在开发者模式下的网络界面中能够直观地看到浏览器的网络传输情况。用户可以通过网络界面查看访问Bucket中资源时的网络传输情况,如图6.28所示。

图 6.28　网络传输

由图6.28可知，当前访问的状态返回码为200，表示访问成功。在网络界面单击访问到的资源，查看其具体的响应头部，如图6.29所示。

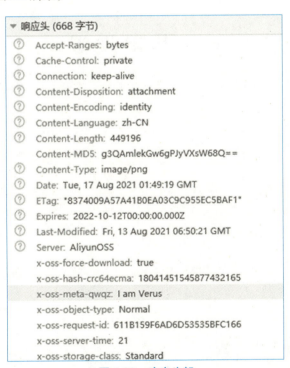

图 6.29　响应头部

由图6.29可知，之前设置的HTTP头部已经被应用在实际访问过程中。

用户可以为一些文件创建软链接，节省移动或复制文件的烦琐过程。另外，用户可以通过软链接的URL对文件进行访问，如图6.30所示。

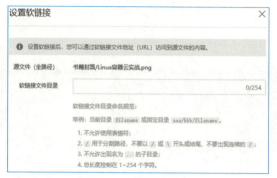

图 6.30　设置软链接

　　软链接设置完成后，单击下方的"确定"按钮即可创建。创建完成的软链接可以在对应的文件路径下找到，如图6.31所示。

图 6.31　软链接

6.3　基础设置

　　单击Bucket界面左侧的"基础设置"选项，进入基础设置界面，在该界面中能对Bucket的基本信息进行设置，如图6.32至图6.34所示。

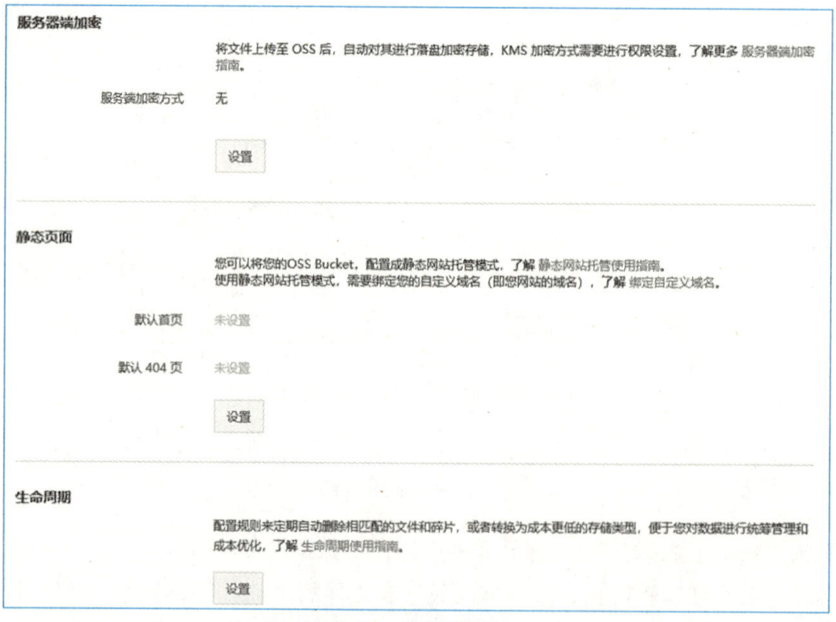

图 6.32　基础设置一

图 6.33　基础设置二

图 6.34　基础设置三

其中，服务端加密方式包括OSS完全托管与KMS。静态页面中的内容是用于将OSS托管到静态页面中的配置。生命周期通过配置规则，将一些符合规则的文件或碎片进行删除或转为更低成本的存储方式。Bucket标签允许用户为Bucket设置标签，通过这些标签用户可以对Bucket进行批量管理。镜像回源能够在OSS无法访问到资源时，向源站请求资源并返回给客户端。用户可以对一些存储对象配置事件通知，当这些存储对象发生变化时，能够及时通知用户。开启请求者付费模式后，Bucket中数据的请求次数与流量都由请求者付费，但存储空间产生的费用仍由数据拥有者承担。用户可以为存储对象配置保留策略，使其可以一次写入多次读取，在保留期间只能对其进行创建与访问，不能修改或删除。用户可以通过Bucket清单功能获取到指定存储对象的详细信息。Bucket删除功能用于删除Bucket，并且删除后的Bucket无法恢复。

单击"生命周期"区域的"设置"按钮，进入生命周期列表，如图6.35所示。

图6.35 生命周期列表

由图6.35可知，当前没有任何生命周期规则。单击"创建规则"按钮进入规则创建界面，如图6.36所示。

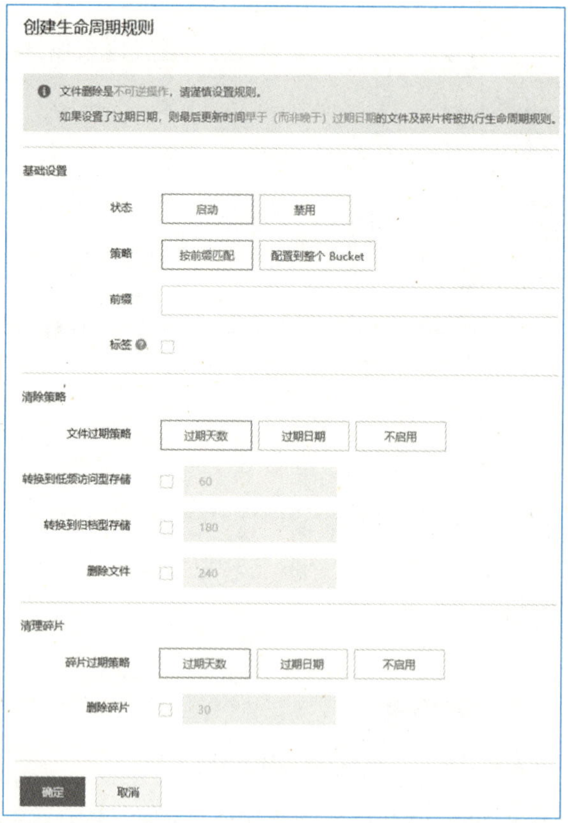

图6.36 创建生命周期规则界面

创建生命周期规则界面中大致分为3部分内容，分别是基础设置、清除策略与清理碎片。其中，基础设置是生命周期的基本信息。用户可以将生命周期规则的状态设为启动或禁止，如果设为启动，那么OSS将使用该规则，如果设为禁止，那么OSS将不会匹配该规则。策略选项支持将规则应用到整个Bucket或文件名前缀匹配的文件，如果选择按前缀匹配，那么需要用户在下方"前缀"输入框中输入需要匹配的前缀。

清除策略表示文件过期时对文件的处理方式，包括删除文件或将文件转换为其他低成本的存储方式。文件过期策略可以设置文件的过期天数或过期日期，也可以直接不启用。文件到期之后，用户可以将其转换到低频访问型存储或归档存储，再或者直接删除。

清理碎片表示碎片文件的清理策略，设定碎片文件的删除时间。

镜像回源是一种能够保证客户端正确访问到资源的策略。当客户端访问OSS，而OSS中的资源已过期时，镜像回源策略支持向资源的源网站请求资源。

单击"镜像回源"区域的"设置"按钮，进入镜像回源列表，如图6.37所示。

图 6.37　镜像回源列表

由图6.37可知，当前没有任何镜像回源规则。单击"创建规则"按钮进入创建规则界面，如图6.38所示。

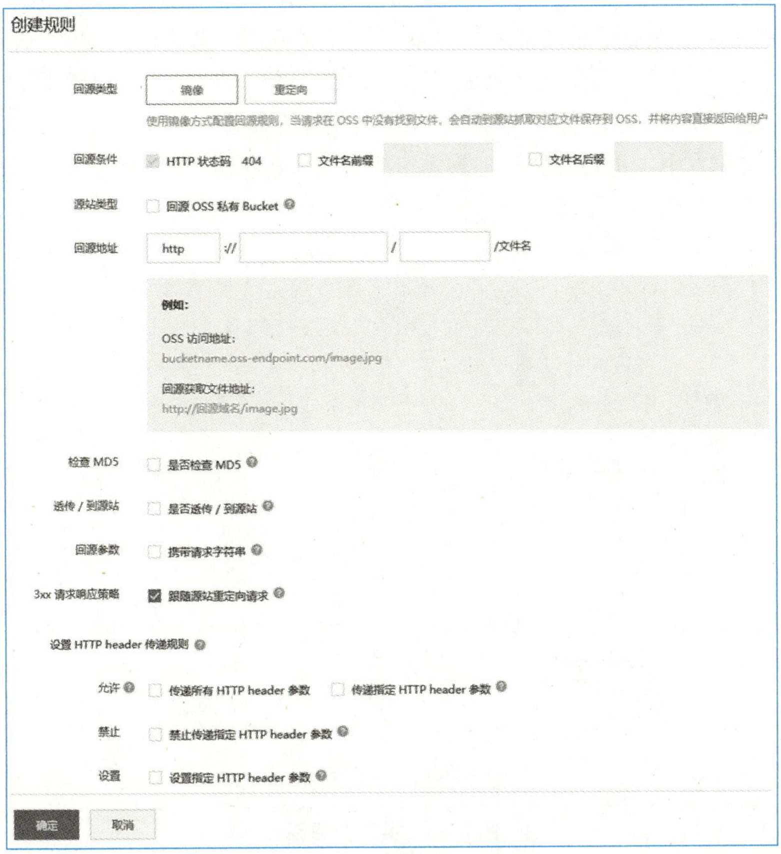

图 6.38　创建镜像回源规则

创建规则界面中包含了回源类型、回源条件、源站类型、回源地址、检查MD5等内容。其中，回源类型包含镜像与重定向。镜像回源是由OSS直接向源网站请求资源，将请求到的资源进行备份并转发给客户端。重定向回源是OSS直接将源网站的URL返回给客户端，再由客户端向源网站请求资源。回源条件表示满足执行回源操作的条件，其中HTTP返回404状态码是必要条件。另外，用户可以通过文件前缀或后缀进行匹配文件。源站类型用于表明源网站是否为另外一个Bucket，如果是，则需要勾选"回源OSS私有Bucket"复选框。勾选之后会出现另外两个选项，如图6.39所示。

图 6.39　回源 OSS 私有 Bucket

其中，授权角色表示Bucket在创建时自动写入的RAM角色。回源Bucket表示请求资源的目标Bucket。

回源地址表示源网站资源的URL，通信协议可选HTTP或HTTPS。MD5是用于保证数据一致性的信息，在OSS接收文件之前会校对报文头部与文件中的MD5信息，如果一致，则接收文件，如果不一致，则不接收文件。通常回源的URL中是不包含源站地址的，如果勾选"是否透传/到源站"复选框，那么回源的URL中将包含源站的地址。回源参数用于配置是否允许OSS在回源时携带请求字符串。3xx请求响应策略能够设置OSS是否跟随重定向请求将获取到的资源存储到OSS中。一些源站会对请求头部进行校验，如果传递所有头部参数，可能会导致无法获取资源。用户可以通过"设置HTTP header传递规则"配置允许或禁止传递的头部参数，甚至可以自定义需要传递的参数。

在重定向回源的配置中，用户需要指定重定向的方式，包括301重定向、302重定向与307重定向，如图6.40所示。

图 6.40　重定向回源

对象存储OSS支持事件通知功能，用户可以通过配置事件通知，自定义关注的数据、操作类型等。当这些资源发生变化后，用户可以第一时间收到通知、了解事件通知。另外，也可以在阿里云函数计算产品中，设置OSS指定的操作，会触发执行对应的函数模板。

OSS允许用户以WORM（一次写入，多次读取）的方式使用Bucket。在保留期内可以创建和访问，但是不能修改或删除对象。

单击Bucket界面左侧的"冗余与容错"选项，进入冗余与容错配置界面，如图6.41所示。

图 6.41　冗余与容错配置界面

冗余与容错配置界面中包含了三个选项，分别是跨区域复制、同城冗余存储与版本控制。跨区域复制类似于异地容灾，可以帮助用户在不同区域进行数据备份。另外，跨区域复制还支持将增加、删除、修改等管理操作同步到异地Bucket中。通过跨区域复制，能够将源Bucket中的数据同步到目标Bucket中，每个Bucket能够关联的复制规则不超过100个，并且每个Bucket既可以作为源Bucket，也可以作为目标Bucket，如图6.42所示。

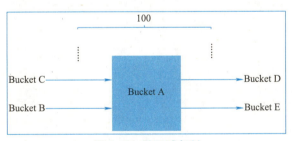

图 6.42　跨区域复制

单击"跨区域复制"区域的"设置"按钮，进入跨区域复制的规则列表，如图6.43所示。

图 6.43　规则列表

单击规则列表左上方的"跨区域复制"按钮，进入规则配置界面，如图6.44所示。

图 6.44 跨区域复制规则配置界面

在配置跨区域复制规则之前必须保证源Bucket与目标Bucket的版本控制状态是一致的。用户可以在跨区域复制界面中配置Bucket数据同步的对象，可以同步全部文件，也可以指定文件名前缀，同步匹配到的文件。另外，用户还可以设置具体的数据同步策略，其中包括"增/改同步"与"增/删/改同步"，二者的不同之处在于是否将删除操作同步到异地Bucket中。

同城冗余能够在同一地域的多个可用区分别进行数据备份，防止因可用区级别的灾难导致数据丢失。

版本控制能够在用户修改或删除数据后形成新的版本，方便用户恢复数据，使用时在冗余与容错配置界面中开通即可。

客户端在访问OSS时可能会产生大量日志，因此OSS还具备了日志管理功能。单击Bucket界面左侧的"日志管理"选项，进入日志管理配置界面，如图6.45所示。

图 6.45 日志管理配置界面

用户可以通过日志转存功能将这些日志按照固定命名规则，以小时为单位生成日志文件写入指定的Bucket。对于已存储的日志，可以通过阿里云日志服务或搭建Spark集群等方式进行分析。

具体日志文件命名格式如下：

`<TargetPrefix><SourceBucket>YYYY-mm-DD-HH-MM-SS-UniqueString`

日志文件命名格式各项的具体解释见表6.1。

表 6.1 日志文件命名格式

字段	说明
TargetPrefix	日志文件的文件名前缀
SourceBucket	产生访问日志的源 Bucket 名称
YYYY-mm-DD-HH-MM-SS	日志文件被创建的时间
UniqueString	系统生成的字符串，是日志文件的唯一标识

OSS 的访问日志格式如下。

```
RemoteIP Reserved Reserved Time "RequestURL" HTTPStatus SentBytes RequestTime
"Referer" "UserAgent" "HostName" "RequestID" "LoggingFlag" "RequesterAliyunID"
"Operation" "BucketName" "ObjectName" ObjectSize ServerCostTime "ErrorCode"
RequestLength "UserID" DeltaDataSize "SyncRequest" "StorageClass"
"TargetStorageClass" "TransmissionAccelerationAccessPoint" "AccessKeyID"
```

OSS 访问日志格式各项解见表 6.2。

表 6.2 访问日志格式

字段	示例	说明
RemoteIP	192.168.0.1	请求者的 IP 地址
Reserved	-	保留字段，固定值为 -
Time	03/Jan/2021:14:59:49 +0800	OSS 收到请求的时间
RequestURL	GET /example.jpg HTTP/1.0	包含 query string 的请求 URL。OSS 会忽略以 x- 开头的 query string 参数，但这个参数会被记录在访问日志中。所以用户可以使用 x- 开头 query string 参数标记一个请求，然后使用这个标记快速查找该请求对应的日志
HTTPStatus	200	OSS 返回的 HTTP 状态码
SentBytes	99131	请求产生的下行流量
RequestTime	127	完成本次请求耗费的时间
Referer	http://www.aliyun.com/product/oss	请求的 HTTP Referer
UserAgent	curl/7.15.5	HTTP 的 User-Agent 头
HostName	examplebucket.oss-cn-hangzhou.aliyuncs.com	请求访问的目标域名
RequestID	5FF16B65F05BC932307A3C3C	请求的 Request ID
LoggingFlag	true	是否已开启日志转存。取值如下：true 表示已开启日志转存。false 表示未开启日志转存
RequesterAliyunID	16571836914537****	请求者的用户 ID
Operation	GetObject	请求类型
BucketName	examplebucket	请求的目标 Bucket 名称
ObjectName	example.jpg	请求的目标 Object 名称
ObjectSize	999131	目标 Object 大小
ServerCostTime	88	OSS 处理本次请求所花的时间
ErrorCode	-	OSS 返回的错误码
RequestLength	302	请求的长度
UserID	16571836914537****	Bucket 拥有者 ID

续表

字段	示例	说明
DeltaDataSize	-	Bucket 大小的变化量
SyncRequest	cdn	请求是否为 CDN 回源请求。取值如下： cdn 表示请求是 CDN 回源请求。 - 表示请求不是 CDN 回源请求
StorageClass	Standard	目标 Object 的存储类型。取值如下： Standard 表示标准存储。 IA 表示低频访问存储。 Archive 表示归档存储。 Cold Archive 表示冷归档存储。 - 表示未获取 Object 存储类型
TargetStorageClass	-	是否通过生命周期规则或 CopyObject 转换了 Object 的存储类型。取值如下： Standard 表示转换为标准存储。 IA 表示转换为低频访问存储。 Archive 表示转换为归档存储。 Cold Archive 表示转换为冷归档存储。 - 表示请求不涉及 Object 存储类型转换操作
TransmissionAccelerationAccessPoint	-	通过传输加速域名访问目标 Bucket 时使用的传输加速接入点
AccessKeyID	LTAI4FrfJPUSoKm4JHb5****	请求者的 AccessKey ID

单击日志转存界面中的"设置"按钮，配置日志转存服务，如图6.46所示。

图 6.46 日志转存配置

开启日志转存服务之前需要配置日志的存储位置与日志前缀。配置完成后，单击"保存"按钮即可完成配置，如图6.47所示。

图 6.47 日志转存开启

日志转存服务开启之后，在"实时查询"页面中开启实时查询服务。通过浏览器访问OSS中的数据，使其产生日志。在用户访问OSS之后，日志大约在3 min之内会被推送到日志服务实例中，可在"实时查询"页面中查看，如图6.48所示。

图 6.48　原始日志

图6.48中是访问产生的原始日志，其内容比较晦涩难懂，并且面对大量访问日志时不容易进行分析。单击"原始日志"右侧的"统计图表"选项，进入统计图表界面，如图6.49所示。

图 6.49　统计图表

统计图表能够帮助用户快速分析总结用户的访问情况。另外，OSS为用户提供了多种图形展示方式，单击"统计图表"下方的图标即可进行切换，如图6.50所示。

图 6.50 柱状图

统计图表中能够使用户大致了解到访问情况,并以图形的方式展示出来。单击"原始日志"标签右侧的"日志报表"标签,查看具体访问情况,如图6.51所示。

图 6.51 日志报表

日志报表中主要包括4部分,即访问中心、审计中心、运维中心与性能中心。访问中心的内容为用户访问的数据,包括PV、UV、外网访问分布等信息。审计中心记录了文件的操作,包括独立文件操作个数、文件操作次数、文件读取、文件修改、文件删除、文件操作趋势等信息,如图6.52所示。

图 6.52 审计中心

运维中心的内容是Bucket的一些基本状态信息,是运维工程师需要了解的情况,包括存储量、Bucket数量、用户请求有效率、PV、UV、Bucket存储分布、Bucket访问分布等信息,如图6.53所示。

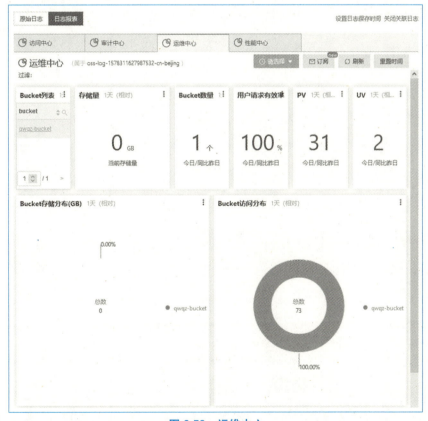

图 6.53 运维中心

性能中心中的内容是Bucket当前的具体网络传输性能,其中包括性能趋势、各网络性能趋势、外网下载性能分布、外网上传性能分布、网络下载差异列表等信息。用户可以通过界面左侧的Bucket列表选择需要查看的Bucket性能,如图6.54所示。

图 6.54　性能中心

虽然日志报表能够更直观地查看Bucket访问日志的反馈情况，但用户查看的数据仍然是十分庞大的。为了应对上述情况，日志报表支持了通过时间将数据切片，允许用户只调取某一时间段内的数据。单击界面右上角的"请选择"按钮，进入时间列表进行时间选择，如图6.55所示。

图 6.55　时间列表

时间列表中的内容分为相对时间、整点时间与自定义时间。其中相对时间表示从选择时间截止至当前时间，整点时间表示从整点时间截止至整点时间。另外，还允许用户自定时间段。

6.4 命令行工具

在一些企业中，关于权限的管理是十分严格的。当一些用户需要对OSS进行管理时，可以通过一些管理工具进行管理，使其无法接触到阿里云账号中除OSS以外的内容，以保证云上安全。OSS对象存储支持多款管理工具，包括ossutil、ossbrowser、ossimport、ossftp、ossfs等。

其中，ossutil是一款较为优秀的命令行工具，提供了强大的管理系统。通过ossutil用户能够对对象存储OSS中的存储对象、Bucket与文件碎片进行管理。对于存储对象可以进行添加、修改、查询、追加等日常管理操作，对于Bucket可以进行创建、删除等操作，对于文件碎片可以进行列举、删除等操作。

ossutil支持在Windows、Linux、macOS等系统上运行，用户可以根据实际情况安装相应的版本。在连接OSS时需要进行AccessKey（AK）认证，所以在安装ossutil之前需要创建AccessKey。而在创建AccessKey之前需要拥有RAM用户，如果没有，则需要手动创建。进入RAM访问控制的控制台，如图6.56所示。

图 6.56 RAM 访问控制

通过RAM访问控制用户可以在一个阿里云账号下创建多个RAM用户，分别授予不同的权限，其他用户可以通过RAM用户对一些特定的资源进行管理。单击RAM访问控制界面左侧的"用户"选项，进入用户界面，如图6.57所示。

图 6.57 用户界面

如果当前没有RAM用户，那么需要进行创建。单击"创建用户"按钮，进行用户创建，如图6.58所示。

图 6.58　创建用户

在创建ARM用户时需要自定义登录名称与显示名称，登录名称在登录时使用，显示名称用于显示在用户列表中。名称填写完成后，需要配置该RAM用户的访问方式。RAM提供了两种访问方式，分别是控制台访问与Open API调用访问。如果选择了控制台访问，那么需要配置控制台密码、密码重置策略与认证策略。

RAM用户创建完成之后，进入RAM用户界面，可以在该界面的用户列表中查看到已经存在的RAM用户，如图6.59所示。

图 6.59　用户列表

在用户列表中单击用户的登录名称，进入用户信息界面，如图6.60所示。

第 6 章 对象存储 OSS

图 6.60 用户信息界面

用户信息界面中的内容是用户的一些基础信息与常用功能信息。用户信息界面下方是用户的 AccessKey 信息，单击"创建 AccessKey"按钮，进行 AccessKey 创建，如图 6.61 所示。

图 6.61 创建 AccessKey

单击"创建AccessKey"按钮之后，RAM将自动创建AccessKey，并显示AccessKey的AccessKey ID与AccessKey Secret。此时需要将AccessKey ID与AccessKey Secret的值记录下来，用户可以单击下方的"复制"或"下载CSV文件"按钮以文件的形式将AccessKey ID与AccessKey Secret保存到本地。

通常，新建的用户需要进行授权才能够进行管理操作。在用户信息界面中单击"权限管理"标签，进入权限管理页面，如图6.62所示。

图 6.62　权限管理页面

由图6.62可知，当前用户的权限列表中没有任何内容，表示该用户没有获取到任何权限。单击权限列表左上方的"添加权限"按钮，为该用户授权，如图6.63所示。

图 6.63　添加权限

用户需要在添加权限时确定授权范围，可以是整个云账号，也可以是指定资源组。授权主体通常是需要进行授权的用户。关于授予用户什么样的权限，用户可以在下方的权限列表中选择相应的权限策略，如果没有适合的权限策略，用户可以自定义权限策略。用户选择的权限策略都会显示到界面右侧的

"已选择"列表框中。权限配置完成后，单击左下角的"确定"按钮，使配置生效，如图6.64所示。

图6.64 授权成功

与此同时，权限内容已经存在于权限列表中，如图6.65所示。

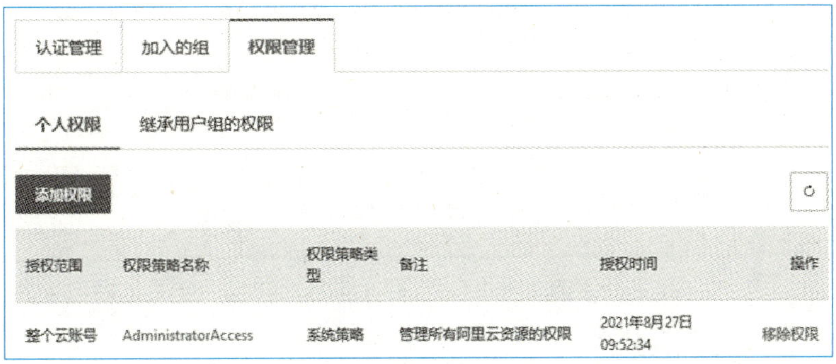

图6.65 权限列表

权限配置完成后，即可在云主机或物理机中安装ossutil工具，本次示例以Linux云主机为例。通过wget命令下载ossutil工具包，示例代码如下：

```
[root@verus ~]# wget http://gosspublic.alicdn.com/ossutil/1.7.6/ossutil64
--2021-08-25 10:44:30--  http://gosspublic.alicdn.com/ossutil/1.7.6/ossutil64
Resolving gosspublic.alicdn.com (gosspublic.alicdn.com)... 117.27.140.252, 117.27.140.249
Connecting to gosspublic.alicdn.com (gosspublic.alicdn.com)|117.27.140.252|:80... connected.
HTTP request sent, awaiting response... 200 OK
Length: 10391914 (9.9M) [application/octet-stream]
Saving to: 'ossutil64'

100%[========>] 10,391,914  24.9MB/s   in 0.4s

2021-08-25 10:44:30 (24.9 MB/s) - 'ossutil64' saved [10391914/10391914]
#查看工具包是否存在
[root@verus ~]# ls
a.txt               ossutil64
index.html          Python-3.7.6
ld.txt              Python-3.7.6.tar.xz
nginx-1.18.0        test.py
nginx-1.18.0.tar.gz
```

在使用ossutil工具之前需要为其授权，否则命令无法执行，示例代码如下：

```
[root@verus ~]# chmod 755 ossutil64
```

ossutil管理OSS之前需要进行连接，而ossutil与OSS之间的连接需要通过AccessKey进行验证。配置ossutil与OSS之间的连接属性，示例代码如下：

```
[root@verus ~]# ./ossutil64 config
The command creates a configuration file and stores credentials.
#配置文件的路径
Please enter the config file name,the file name can include path(default /root/.ossutilconfig, carriage return will use the default file. If you specified this option to other file, you should specify --config-file option to the file when you use other commands):
No config file entered, will use the default config file /root/.ossutilconfig

For the following settings, carriage return means skip the configuration. Please try "help config" to see the meaning of the settings
#选择语言（EN或CN）
Please enter language(CH/EN, default is:EN, the configuration will go into effect after the command successfully executed):CH
#Bucket所在地域的Endpoint（以北京为例）
Please enter endpoint:oss-cn-beijing.aliyuncs.com
#输入accessKey ID
Please enter accessKeyID:LTAI5t63VJBhfTEWicfsFfYG
#输入accessKey Secret
Please enter accessKeySecret:SkanC85CheK0hWJLwh7Ewuv1AJtsoz
#输入stsToken（通过STS授权临时用户访问时填写）
Please enter stsToken:
```

其中，配置文件路径可由用户自定义，如果自定义了文件路径，那么每次执行命令需要通过-c选项指定文件路径，如果使用默认路径，则按【Enter】键即可，默认路径为/home/user/.ossutilconfig。Endpoint需要根据Bucket所在的地域进行填写，每个地域对应的Endpoint不同，具体见表6.3。

表6.3 OSS Region 和 Endpoint 对照表

Region	Region ID	外网 Endpoint	内网 Endpoint
华东1（杭州）	oss-cn-hangzhou	oss-cn-hangzhou.aliyuncs.com	oss-cn-hangzhou-internal.aliyuncs.com
华东2（上海）	oss-cn-shanghai	oss-cn-shanghai.aliyuncs.com	oss-cn-shanghai-internal.aliyuncs.com
华北1（青岛）	oss-cn-qingdao	oss-cn-qingdao.aliyuncs.com	oss-cn-qingdao-internal.aliyuncs.com
华北2（北京）	oss-cn-beijing	oss-cn-beijing.aliyuncs.com	oss-cn-beijing-internal.aliyuncs.com
华北3（张家口）	oss-cn-zhangjiakou	oss-cn-zhangjiakou.aliyuncs.com	oss-cn-zhangjiakou-internal.aliyuncs.com
华北5（呼和浩特）	oss-cn-huhehaote	oss-cn-huhehaote.aliyuncs.com	oss-cn-huhehaote-internal.aliyuncs.com
华北6（乌兰察布）	oss-cn-wulanchabu	oss-cn-wulanchabu.aliyuncs.com	oss-cn-wulanchabu-internal.aliyuncs.com
华南1（深圳）	oss-cn-shenzhen	oss-cn-shenzhen.aliyuncs.com	oss-cn-shenzhen-internal.aliyuncs.com
华南2（河源）	oss-cn-heyuan	oss-cn-heyuan.aliyuncs.com	oss-cn-heyuan-internal.aliyuncs.com

续表

Region	Region ID	外网 Endpoint	内网 Endpoint
华南3（广州）	oss-cn-guangzhou	oss-cn-guangzhou.aliyuncs.com	oss-cn-guangzhou-internal.aliyuncs.com
西南1（成都）	oss-cn-chengdu	oss-cn-chengdu.aliyuncs.com	oss-cn-chengdu-internal.aliyuncs.com
中国（香港）	oss-cn-hongkong	oss-cn-hongkong.aliyuncs.com	oss-cn-hongkong-internal.aliyuncs.com
美国西部1（硅谷）	oss-us-west-1	oss-us-west-1.aliyuncs.com	oss-us-west-1-internal.aliyuncs.com
美国东部1（弗吉尼亚）	oss-us-east-1	oss-us-east-1.aliyuncs.com	oss-us-east-1-internal.aliyuncs.com
亚太东南1（新加坡）	oss-ap-southeast-1	oss-ap-southeast-1.aliyuncs.com	oss-ap-southeast-1-internal.aliyuncs.com
亚太东南2（悉尼）	oss-ap-southeast-2	oss-ap-southeast-2.aliyuncs.com	oss-ap-southeast-2-internal.aliyuncs.com
亚太东南3（吉隆坡）	oss-ap-southeast-3	oss-ap-southeast-3.aliyuncs.com	oss-ap-southeast-3-internal.aliyuncs.com
亚太东南5（雅加达）	oss-ap-southeast-5	oss-ap-southeast-5.aliyuncs.com	oss-ap-southeast-5-internal.aliyuncs.com
亚太东北1（日本）	oss-ap-northeast-1	oss-ap-northeast-1.aliyuncs.com	oss-ap-northeast-1-internal.aliyuncs.com
亚太南部1（孟买）	oss-ap-south-1	oss-ap-south-1.aliyuncs.com	oss-ap-south-1-internal.aliyuncs.com
欧洲中部1（法兰克福）	oss-eu-central-1	oss-eu-central-1.aliyuncs.com	oss-eu-central-1-internal.aliyuncs.com
英国（伦敦）	oss-eu-west-1	oss-eu-west-1.aliyuncs.com	oss-eu-west-1-internal.aliyuncs.com
中东东部1（迪拜）	oss-me-east-1	oss-me-east-1.aliyuncs.com	oss-me-east-1-internal.aliyuncs.com

ossutil工具提供了多款命令供用户对存储对象进行管理，实现各种管理功能，具体见表6.4。

表6.4　ossutil 常用命令

命　令	说　明	命　令	说　明
appendfromfile	追加上传	mb	创建存储空间
bucket-encryption	服务器端加密	mkdir	创建目录
bucket-policy	授权策略	object-tagging	对象标签
bucket-tagging	存储空间标签	probe	探测状态
bucket-versioning	版本控制	read-symlink	读取软链接
cat	输出文件内容	referer	防盗链
config	创建配置文件	replication	跨区域复制
cors	跨域资源共享	request-payment	请求者付费
cors-options	检测跨域请求	restore	解冻文件
create-symlink	创建软链接	revert-versioning	恢复版本
du	获取大小	rm	删除
getallpartsize	获取碎片大小	set-acl	设置或修改 ACL
hash	计算 CRC64 或 MD5	set-meta	管理文件元信息
help	获取帮助信息	sign	生成签名 URL
inventory	清单	stat	查看 Bucket 和 Object 信息
lifecycle	生命周期	sync	同步文件
listpart	列举碎片	updateossutil	版本升级
logging	日志转存	website	静态网站托管及回源配置
lrb	列举地域级别下的 Bucket	worm	合规保留策略
ls	列举账号级别下的资源		

表6.4中是ossutil工具常用的命令,能够熟练应用这些命令,就基本上掌握了ossutil的使用。另外,ossutil还提供了大量选项,用于在执行命令时指定具体操作,在系统中执行相关命令即可查看,示例代码如下:

```
[root@verus ~]# ./ossutil64 -h
Usage of ossutil64:

Options:
   --upload-id-marker=     the marker of object when list object or Multipart Uploads.
   --version-id-marker=    specifies the marker of object version id when list objects's all versions
   --proxy-user=           username of network proxy, default is empty
   --bigfile-threshold=    the threshold of file size, the file size larger than the threshold will use resume upload or download(default: 104857600), value range is: 0-9223372036854775807
   --sse-algorithm=        specifies the server side encryption algorithm, value is KMS or AES256.
   --kms-data-encryption=  specifies the kms data service encryption algorithm, Currently only supports the value SM4 or emtpy
   --disable-all-symlink   specifies that uploading of symlink files and symlink directories under the directory is not allowed, the default value is false.
   --timeout=              time out of signurl, the unit is: s, default value is 60, the value range is: 0-9223372036854775807
   -L, --language=         set the language of ossutil(default: EN), value range is: CH/EN, if you set it to "CH", please make sure your system language is UTF-8.
   --upload                specifies upload action to oss,primarily used in probe command
   --method=               specifies the command's operation type. the values are PUT, GET, DELETE, LIST, etc
   --payer=                The payer of the request. You can set this value to "requester" if you want pay for requester
   --token-timeout=        specifies the valid time of a token, the unit is: s, default value is 3600, primarily used for AssumeRole parameters in RamRoleArn mode
   --encoding-type=        the encoding type of object name or file name that user inputs or outputs, currently ossutil only supports url encode, which means the value range of the option is: url, if you do not specify the option, it means the object name or file name that user inputed or outputed was not encoded. bucket name does not support url encode. Note, if the option is specified, the cloud_url like: oss://bucket/object should be inputted as: oss://bucket/url_encode(object), the string: oss://bucket/ should not be url encoded.
    ...
```

ossutil命令选项的说明具体见表6.5。

表 6.5 ossutil 命令选项的说明

选 项	说 明
-c，--config-file	ossutil 工具的配置文件路径，ossutil 启动时将从配置文件读取配置
-e，--endpoint	指定 Bucket 对应的 Endpoint
-i，--access-key-id	指定访问 OSS 使用的 AccessKey ID
-k，--access-key-secret	指定访问 OSS 使用的 AccessKey Secret
-p，--password	指定访问 OSS 使用的 AccessKey Secret
--loglevel	在当前工作目录下输出 ossutil 日志文件 ossutil.log。该选项默认为空，表示不输出日志文件。 取值： info：用于打印 ossutil 操作记录。 debug：可以输出 http 流水日志以及原始签名串信息
--proxy-host、--proxy-user、--proxy-pwd	在代理上网环境下，需指定如下三个选项： --proxy-host：网络代理服务器的 URL 地址，支持 HTTP、HTTPS 以及 SOCKS5。 --proxy-user：网络代理服务器的用户名，默认为空。 --proxy-pwd：网络代理服务器的密码，默认为空。 通过这三个选项指定代理服务器信息后，ossutil 将使用用户指定的信息并通过代理服务器访问 OSS
--mode	凭证类型。取值如下： AK：使用 AccessKey ID 和 AccessKey Secret 的方式访问。 StsToken：使用 STS Token 的方式访问。 RamRoleArn：使用 RAM 用户的 AssumeRole 的方式访问。 EcsRamRole：在 ECS 实例上通过 EcsRamRole 实现免密验证。 如果不添加此选项，默认按照原有的鉴权逻辑处理
--ecs-role-name	EcsRamRole 鉴权模式下的角色名称
--token-timeout	RamRoleArn 鉴权模式下 AssumeRole 参数中指定的临时访问凭证 Token 的有效时间。单位为秒，默认值为 3 600
--ram-role-arn	RamRoleArn 鉴权模式下的 RAM 角色 ARN
--role-session-name	RamRoleArn 鉴权模式下的会话名称
--read-timeout	客户端读超时的时间，单位为秒，默认值为 1 200
--connect-timeout	客户端连接超时的时间，单位为秒，默认值为 120
--sts-region	STS 服务的接入地域，格式为 cn-hangzhou。 如果不添加此选项，RamRoleArn 鉴权模式下指定的 sts endpoint 为 sts.aliyuncs.com
--skip-verify-cert	不校验服务端的数字证书

1. appendfromfile

appendfromfile命令用于追加上传文件，具体命令格式如下：

```
./ossutil64 appendfromfile localfilename oss://bucketname objectname [--meta ]
```

appendfromfile命令格式中各选项的说明见表6.6。

表 6.6 appendfromfile 命令格式中各选项的说明

选 项	说 明
localfilename	本地文件完整路径
bucketname	目标 Bucket 名称
objectname	目标 Object 名称
--meta	设置 Object 的 meta 信息。仅支持在首次追加上传时附加此选项

下面举例演示appendfromfile的使用方式，示例代码如下：

```
#文件上传
[root@verus ~]# ./ossutil64 appendfromfile c.txt oss://qwqz-bucket/c.txt --meta "x-oss-object-acl:private"

local file size is 0,the object new size is 0,average speed is 0.00(KB/s)


0.259200(s) elapsed
#文件追加
[root@verus ~]# ./ossutil64 appendfromfile a.txt oss://qwqz-bucket/c.txt --meta "x-oss-object-acl:private"
total append 20(100.00%) byte,speed is 0.00(KB/s)
local file size is 20,the object new size is 20,average speed is 0.36(KB/s)


0.242062(s) elapsed
```

由上述结果可知，当前文件已经追加上传到Bucket中，当前文件大小为20 B。

2.bucket-encryption

bucket-encryption命令主要用于给OSS服务端加密。加密后的OSS服务端将对用户上传的文件进行加密存储，对用户请求的文件进行解密之后再发送给用户。

bucket-encryption的具体命令格式如下：

```
./ossutil64 bucket-encryption --method put oss://bucketName  --sse-algorithm algorithmName  [--kms-masterkey-id keyid] [--kms-data-encryption SM4]
```

bucket-encryption命令格式中各选项的说明见表6.7。

表6.7 bucket-encryption 命令格式中各选项的说明

选　项	说　明
bucketName	配置服务器端加密的目标 Bucket
--sse-algorithm	Bucket 的加密方式。 取值： KMS：使用 KMS 托管密钥进行加解密，即 SSE-KMS。 AES256：使用 OSS 完全托管密钥进行加解密，即 SSE-OSS
--kms-masterkey-id	当加密方式为 SSE-KMS 时，OSS 使用默认托管的 KMS CMK 进行加密。若用户希望通过指定的 KMS CMK 进行加密，可通过此选项设置正确的 CMK ID
--kms-data-encryption	当加密方式为 SSE-KMS 时，OSS 使用默认加密算法 AES256 进行加密。若用户希望通过加密算法 SM4 进行加密，可通过此选项指定

下面举例演示bucket-encryption的使用方式，示例代码如下：

```
#使用AES256加密
[root@verus ~]# ./ossutil64 bucket-encryption --method put oss://qwqz-bucket --sse-algorithm AES256
```

```
0.171296(s) elapsed
#查看加密配置
[root@verus ~]# ./ossutil64 bucket-encryption --method get oss://qwqz-bucket
SSEAlgorithm:AES256

0.127703(s) elapsed
#删除加密配置
[root@verus ~]# ./ossutil64 bucket-encryption --method delete oss://qwqz-bucket

0.087436(s) elapsed
```

3.stat

stat命令用于查看Bucket与存储对象的相关信息，如存储类型、元信息等。

stat的具体命令格式如下。

```
./ossutil stat oss://bucketname[/objectname]
[--encoding-type <value>]
[--payer <value>]
[--version-id <value>]
```

stat命令格式中各选项的说明见表6.8。

表 6.8　stat 命令格式中各选项的说明

选　项	说　明
bucketname	目标 Bucket 名称
objectname	目标 Object 名称
--encoding-type	对 Object 名称进行编码，取值为 url。如果不指定该选项，则表示 Object 名称未经过编码
--payer	请求的支付方式。如果希望访问指定路径下的资源产生的流量、请求次数等费用由请求者支付，请将此选项的值设置为 requester
--version-id	Object 的指定版本。仅适用于已开启或暂停版本控制状态 Bucket 下的 Object

下面举例演示stat的使用方式，示例代码如下：

```
#查看Bucket信息
[root@verus ~]# ./ossutil64 stat oss://zwqz-bucket
Error: oss: service returned error: StatusCode=404, ErrorCode=NoSuchBucket, ErrorMessage="The specified bucket does not exist.", RequestId=6129C8A7F15BB23
6336B240B, Bucket=zwqz-bucket
[root@verus ~]# ./ossutil64 stat oss://qwqz-bucket
Name              : qwqz-bucket
Location          : oss-cn-beijing
CreationDate      : 2021-08-13 09:42:47 +0800 CST
ExtranetEndpoint  : oss-cn-beijing.aliyuncs.com
IntranetEndpoint  : oss-cn-beijing-internal.aliyuncs.com
```

```
ACL                             : public-read
Owner                           : 1578311627987532
StorageClass                    : Standard
RedundancyType                  : LRS

0.185265(s) elapsed
#查看Bucket中的单个文件
[root@verus ~]#  ./ossutil64 stat oss://qwqz-bucket/c.txt
ACL                             : private
Accept-Ranges                   : bytes
Content-Length                  : 0
Content-Type                    : text/plain; charset=utf-8
Etag                            : 00000000000000003DAC286100000000
Last-Modified                   : 2021-08-27 17:11:25 +0800 CST
Owner                           : 1578311627987532
X-Oss-Hash-Crc64ecma            : 0
X-Oss-Next-Append-Position      : 0
X-Oss-Object-Type               : Appendable
X-Oss-Storage-Class             : Standard

0.104691(s) elapsed
```

4. mb

mb命令用于创建Bucket，创建Bucket之后即可将对象存储到Bucket中。

mb的具体命令格式如下。

```
./ossutil64 mb oss://bucketname [--acl <value>][--storage-class <value>]
[--redundancy-type <value>]
```

mb命令格式中各选项的说明见表6.9。

表6.9　mb 命令格式中各选项的说明

选 项	说 明
bucketname	创建的 Bucket 名称
--acl	Bucket 的读写权限 ACL。取值如下： private（默认值）：只有该 Bucket 的拥有者可以对该 Bucket 内的文件进行读写操作，其他人无法访问该 Bucket 内的文件。 public-read：只有 Bucket 拥有者可以对该 Bucket 内的文件进行写操作，其他用户都可以对该 Bucket 中的文件进行读操作。 public-read-write：任何人都可以对该 Bucket 内文件进行读写操作
--storage-class	Bucket 的存储类型
--redundancy-type	Bucket 的数据容灾类型。取值如下： LRS（默认值）：本地冗余 LRS 将用户的数据冗余存储在同一个可用区的不同存储设备上，可支持两个存储设备并发损坏时，仍维持数据不丢失，可正常访问。 ZRS：同城冗余 ZRS 采用多可用区(AZ)机制，将用户的数据冗余存储在同一地域(Region)的 3 个可用区。可支持单个可用区（机房）整体故障时（如断电、火灾等），仍然能够保障数据的正常访问

下面举例演示mb的使用方式，示例代码如下：

```
[root@verus ~]# ./ossutil64 mb oss://qf-bucket --acl private --storage-class
Standard --redundancy-type LRS

0.579842(s) elapsed
```

上述示例中，创建了一个权限私有，存储类型支持频繁访问，支持本地冗余的Bucket。在Bucket列表中即可查看到新创建的Bucket，如图6.66所示。

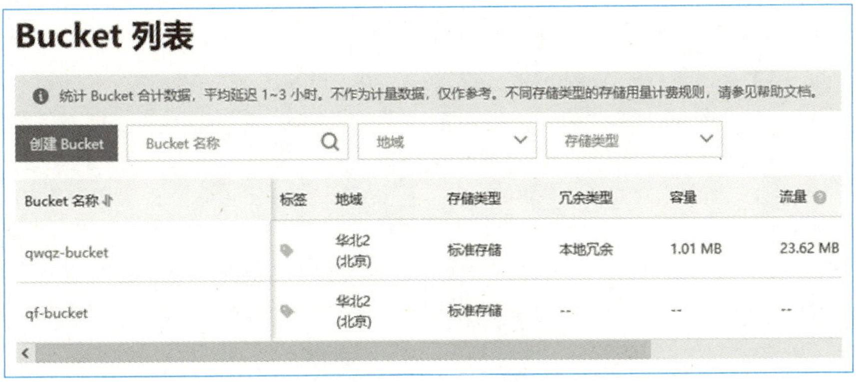

图 6.66 Bucket 列表

6.5 OSS 挂载工具

针对每次管理OSS都需要登录阿里云账号的情况，OSS提供了专门的挂载工具，用户可以将Bucket挂载到Linux系统中，通过Linux直接管理Bucket。ossfs工具是OSS专门的挂载工具，它可以将Bucket挂载到Linux目录中，用户可以直接管理目录，管理操作将直接映射到Bucket中。ossfs能够满足用户对于Bucket的大部分管理操作，包括上传文件、读取文件、创建目录等。下面讲解ossfs的安装方式。

6.5.1 安装 ossfs

在安装ossfs之前，需要准备CentOS或Ubuntu系统的物理主机或云主机。建议CentOS版本在7.0及以上，Ubuntu版本在14.04及以上。低版本的Linux系统内核版本较低，比较容易出现bug。

下载ossfs安装包，示例代码如下：

```
[root@verus ~]# wget http://gosspublic.alicdn.com/ossfs/ossfs_1.80.6_centos7.0_
x86_64.rpm
--2021-08-30 13:51:01--  http://gosspublic.alicdn.com/ossfs/ossfs_1.80.6_
centos7.0_x86_64.rpm
Resolving gosspublic.alicdn.com (gosspublic.alicdn.com)... 119.96.65.252,
119.96.65.251
Connecting to gosspublic.alicdn.com (gosspublic.alicdn.com)|119.96.65.252|:80...
connected.
HTTP request sent, awaiting response... 200 OK
```

```
    Length: 1189490 (1.1M) [application/x-redhat-package-manager]
    Saving to: 'ossfs_1.80.6_centos7.0_x86_64.rpm'

    100%[========>] 1,189,490   --.-K/s    in 0.1s

    2021-08-30 13:51:02 (8.50 MB/s) - 'ossfs_1.80.6_centos7.0_x86_64.rpm' saved
[1189490/1189490]
```

安装包下载完成后，开始安装ossfs，示例代码如下：

```
[root@verus ~]# sudo yum install ossfs_1.80.6_centos7.0_x86_64.rpm
Loaded plugins: fastestmirror, langpacks, product-
             : id, search-disabled-repos,
             : subscription-manager

This system is not registered with an entitlement server. You can use
subscription-manager to register.

Examining ossfs_1.80.6_centos7.0_x86_64.rpm: ossfs-1.80.6-1.x86_64
Marking ossfs_1.80.6_centos7.0_x86_64.rpm to be installed
Resolving Dependencies
...
Installed:
  ossfs.x86_64 0:1.80.6-1

Dependency Installed:
  fuse.x86_64 0:2.9.2-11.el7
  fuse-libs.x86_64 0:2.9.2-11.el7

Complete!
```

理论上ossfs安装完成之后即可挂载Bucket，但ossfs挂载Bucket需要挂载依据。这些挂载依据就是关于Bucket的相关信息，包括Bucket名称、AccessKey ID和AccessKey Secret。这些信息必须按照一定的格式写入到/etc/passwd-ossfs文件中，示例代码如下：

```
[root@verus ~]# echo qwqz-bucket:LTAI5t63VJBhfTEWicfsFfYG:SkanC85CheK0hWJLwh7Ew
uv1AJtsoz > /etc/passwd-ossfs
```

挂载信息写入到/etc/passwd-ossfs文件中，供在ossfs对Bucket进行挂载时读取，但该文件需要一定的权限才能够使用。为/etc/passwd-ossfs文件授权，示例代码如下：

```
[root@verus ~]# chmod 640 /etc/passwd-ossfs
```

通常，都需要给/etc/passwd-ossfs文件授予640权限。挂载的过程中需要一个挂载目录，供Bucket进行挂载。创建挂载目录，示例代码如下：

```
[root@verus ~]# mkdir /tmp/ossfs
```

拥有了挂载目录之后即可进行挂载，示例代码如下：

```
[root@verus ossfs]# ossfs qwqz-bucket /tmp/ossfs -o url=http://oss-cn-beijing.aliyuncs.com
```

上述示例中，通过指定Bucket名称、挂载目录与地域endpoint，将Bucket挂载到了/tmp/ossfs目录下。查看挂载目录，验证是否挂载成功，示例代码如下：

```
[root@verus ~]# ls /tmp/ossfs/oss-accesslog/
qwqz-bucket2021-08-23-15-00-00-0001
qwqz-bucket2021-08-23-16-00-00-0001
qwqz-bucket2021-08-23-22-00-00-0001
qwqz-bucket2021-08-24-09-00-00-0001
qwqz-bucket2021-08-24-14-00-00-0001
qwqz-bucket2021-08-24-18-00-00-0001
```

Bucket挂载成功后即可通过Linux操作系统对Bucket进行管理操作，示例代码如下：

```
[root@localhost ossfs]# touch qwqz{1..3}.txt
[root@localhost ossfs]# ls
c.txt           qf          qwqz2.txt     书籍封面
oss-accesslog   qwqz1.txt   qwqz3.txt     页面
```

上述示例中创建了3个文件，这些文件可以在Bucket界面中进行查看，如图6.67所示。

图 6.67　Bucket 界面

6.5.2　进阶配置

通常ossfs挂载目录的访问权限归目录的拥有者所有。面对其他需要访问挂载目录的用户，需要将权限授予用户。

1. 用户授权

在ossfs命令中直接添加allow_other参数即可授予其他用户访问挂载目录的权限，但不能访问目录中的文件。如果需要访问某个文件，那么可以通过chmod命令进行授权。ossfs命令中配置了allow_other参数之后，可以通过mp_umask参数配置挂载目录权限掩码。需要注意的是，mp_umask参数的值必须是未配置的权限掩码值,例如需要配置700权限,那么mp_umask参数值必须是077。如果需要将挂载目录的权限配置为777,那么直接添加allow_other参数,示例代码如下:

```
[root@localhost ossfs]# ssfs qwqz-bucket /tmp/ossfs1/ -ourl=http://oss-cn-beijing.aliyuncs.com -oallow_other
```

如果需要配置的权限不是777,那么需要在allow_other参数后添加mp_umask参数进行定义,示例代码如下:

```
[root@localhost ossfs]# ossfs qwqz-bucket /tmp/ossfs2/ -ourl=http://oss-cn-beijing.aliyuncs.com -oallow_other -omp_umask=007
```

上述示例中将挂载目录的权限配置为了770。

如果需要单独为某个用户配置权限,那么需要通过UID与GID指定该用户,示例代码如下:

```
[root@localhost ossfs]# id qf
uid=1000(qf) gid=1000(qf) groups=1000(qf)
[root@localhost ossfs]# mkdir /tmp/ossfs3
[root@localhost ossfs]# ossfs qwqz-bucket /tmp/ossfs3/ -ourl=http://oss-cn-beijing.aliyuncs.com -oallow_other -ouid=1000 -ogid=1000 -omp_umask=007
```

2. 防止异常终止

当Linux操作系统中发生一些异常时,ossfs进程可能因此终止。为了防止ossfs进程的异常终止,用户可以通过Supervisor将命令行进程转换为后台进程,并实时监控其状态,便于进程在异常结束时进行恢复。

安装Supervisor,示例代码如下:

```
[root@localhost ossfs]# yum -y install epel-release
[root@localhost ossfs]# yum install python-pip -y
[root@localhost ossfs]# pip install supervisor
```

Supervisor恢复ossfs进程时需要启动ossfs,而启动ossfs的前提是拥有ossfs启动脚本。创建ossfs启动脚本,示例代码如下:

```
mkdir /root/ossfs_scripts
vi /root/ossfs_scripts/start_ossfs.sh
```

添加脚本内容,示例代码如下:

```
[root@localhost ossfs]# cat /root/ossfs_scripts/start_ossfs.sh
# 卸载
fusermount -u /mnt/ossfs
# 重新挂载,必须增加-f参数运行ossfs,让ossfs在前台运行
exec ossfs bucket_name mount_point -ourl=endpoint -f
```

编辑/etc/supervisor/supervisord.conf文件,在该文件末尾添加内容,示例代码如下:

```
[root@localhost ~]# cat /etc/supervisord.conf
...
[program:ossfs]
```

```
command=bash /root/ossfs_scripts/start_ossfs.sh
logfile=/var/log/ossfs.log
log_stdout=true
log_stderr=true
logfile_maxbytes=1MB
logfile_backups=10
```

运行Supervisor，示例代码如下。

```
[root@localhost ~]# supervisord
/usr/lib/python2.7/site-packages/supervisor/options.py:461: UserWarning:
Supervisord is running as root and it is searching for its configuration file
in default locations (including its current working directory); you probably want
to specify a "-c" argument specifying an absolute path to a configuration file
for improved security.
  'Supervisord is running as root and it is searching '
```

确认进程正常运行，示例代码如下：

```
#查看Supervisor进程
[root@localhost ~]# ps aux |grep supervisor
root       8697  0.0  1.2 219452 12368 ?        Ss   17:11   0:00 /usr/bin/python /usr/bin/supervisord
root       8730  0.0  0.0 112708   980 pts/0    R+   17:14   0:00 grep --color=auto supervisor
#查看ossfs进程
[root@localhost ~]# ps aux |grep ossfs
root       7489  0.0  0.4 318764  4524 ?        Ssl  14:13   0:00 ossfs qwqz-bucket /tmp/ossfs -o url=http://oss-cn-beijing.aliyuncs.com
root       8103  0.0  0.4 318764  4204 ?        Ssl  15:52   0:00 ossfs qwqz-bucket /tmp/ossfs1/ -ourl=http://oss-cn-beijing.aliyuncs.com -oallow_other
root       8135  0.0  0.2 179624  2404 ?        Ssl  15:56   0:00 ossfs qwqz-bucket /tmp/ossfs2/ -ourl=http://oss-cn-beijing.aliyuncs.com-oallow_other -omp_umask=007
root       8189  0.0  0.2 179624  2404 ?        Ssl  16:01   0:00 ossfs qwqz-bucket /tmp/ossfs3/ -ourl=http://oss-cn-beijing.aliyuncs.com -oallow_other -ouid=1000 -ogid=1000 -omp_umask=000
root       8345  0.0  0.2 179624  2408 ?        Ssl  16:26   0:00 ossfs qwqz-bucket /tmp/ossfs4/ -ourl=http://oss-cn-beijing.aliyuncs.com
root       8732  0.0  0.0 112708   972 pts/0    R+   17:14   0:00 grep --color=auto ossfs
```

将ossfs的主进程强制终止，示例代码如下：

```
[root@localhost ~]# kill -9 7489
```

需要注意的是，必须使用kill -9命令将进程强制终止，Supervisor才认为ossfs进程是异常终止。再次查看ossfs进程，示例代码如下。

```
[root@localhost ~]# ps aux |grep ossfs
root        9086  0.0  0.2 179624  2400 ?        Ssl  17:45   0:00 ossfs
qwqz-bucket /tmp/ossfs8 -o url=http://oss-cn-beijing.aliyuncs.com
```

由上述结果可知，ossfs进程仍在运行，但其进程ID已经发生改变。这是因为ossfs进程被强制终止后，Supervisor认定ossfs进程是异常终止，于是重新启动了ossfs，系统为ossfs分配了新的进程ID。需要注意的是，在Supervisor将ossfs进程重新运行之后，Supervisor本身的进程可以终止运行，用户在需要时可以手动启动Supervisor。

3. 开机自动挂载

当一些主机因为某些因素需要重新启动后，原本挂载的Bucket将脱离挂载目录，需要用户重新进行挂载。如果需要重新挂载的内容较多，那么这将造成不小的时间开销。针对类似情况，用户可以提前在Linux操作系统中为Bucket配置开机自动挂载。配置了Bucket开机自动挂载之后，再重新启动主机，Bucket将自动挂载到挂载目录中。

创建两个用于挂载的目录，示例代码如下：

```
[root@Verus ~]# mkdir /tmp/ossfs1
[root@Verus ~]# mkdir /tmp/ossfs2
```

在/etc/init.d/目录下创建ossfs文件，并将阿里云模板文件（具体详见阿里云官网）中的内容添加到文件中进行修改，示例代码如下：

```
[root@verus ~]# cat /etc/init.d/ossfs
#! /bin/bash
#
# ossfs       Automount Aliyun OSS Bucket in the specified direcotry.
#
# chkconfig: 2345 90 10
# description: Activates/Deactivates ossfs configured to start at boot time.

ossfs qwqz-bucket /tmp/ossfs2 -ourl=http://oss-cn-beijing.aliyuncs.com
-oallow_other
```

根据实际情况，在/etc/init.d/ossfs文件中配置Bucket的相关信息。上述示例中只将/tmp/ossfs2目录的信息写入了ossfs文件中。授予ossfs文件执行权限，示例代码如下：

```
[root@Verus ~]# chmod a+x /etc/init.d/ossfs
```

将Bucket手动挂载到/tmp/ossfs1目录下，示例代码如下：

```
#手动挂载
[root@verus ossfs]# ossfs qwqz-bucket /tmp/ossfs1 -o url=http://oss-cn-beijing.aliyuncs.com
#查看挂载目录
[root@verus ~]# ls /tmp/ossfs1/oss-accesslog/
qwqz-bucket2021-08-23-15-00-00-0001
```

```
qwqz-bucket2021-08-23-16-00-00-0001
qwqz-bucket2021-08-23-22-00-00-0001
qwqz-bucket2021-08-24-09-00-00-0001
qwqz-bucket2021-08-24-14-00-00-0001
qwqz-bucket2021-08-24-18-00-00-0001
```

由上述结果可知,当前已将Bucket挂载到/tmp/ossfs1目录下。执行ossfs文件,将Bucket挂载到/tmp/ossfs2目录下,示例代码如下:

```
#执行文件
[root@verus ~]# sh /etc/init.d/ossfs
#查看挂载目录
[root@verus ~]# ls /tmp/ossfs2/oss-accesslog/
qwqz-bucket2021-08-23-15-00-00-0001
qwqz-bucket2021-08-23-16-00-00-0001
qwqz-bucket2021-08-23-22-00-00-0001
qwqz-bucket2021-08-24-09-00-00-0001
qwqz-bucket2021-08-24-14-00-00-0001
qwqz-bucket2021-08-24-18-00-00-0001
```

由上述结果可知,当前已将Bucket挂载到/tmp/ossfs2目录下。为ossfs文件配置开机自启动,示例代码如下:

```
[root@verus ~]# chkconfig ossfs on
```

重新启动主机,示例代码如下:

```
[root@verus ~]# reboot
```

Linux主机重新启动之后,分别查看两个挂载目录,示例代码如下:

```
#查看/tmp/ossfs1目录
[root@verus ~]# ls /tmp/ossfs1
#查看/tmp/ossfs2目录
[root@verus ~]# ls /tmp/ossfs2/oss-accesslog/
qwqz-bucket2021-08-23-15-00-00-0001
qwqz-bucket2021-08-23-16-00-00-0001
qwqz-bucket2021-08-23-22-00-00-0001
qwqz-bucket2021-08-24-09-00-00-0001
qwqz-bucket2021-08-24-14-00-00-0001
qwqz-bucket2021-08-24-18-00-00-0001
```

由上述结果可知,在/etc/init.d/ossfs文件中进行配置的目录能够在系统重启时自动进行挂载。

小 结

本章主要讲解了对象存储OSS的概念、Bucket基础设置、Bucket命令行工具ossutil、挂载工具ossfs

以及数据迁移工具ossimport的应用方式。通过本章的学习，希望读者能够了解OSS对象存储的概念，熟悉Bucket的基础设置，掌握Bucket管理工具的使用方式。

习　题

一、填空题

1. 对象存储OSS允许用户在任何＿＿＿＿、任何＿＿＿＿、任何＿＿＿＿存储和访问任意＿＿＿＿的数据。
2. 存储空间是用户用于存储＿＿＿＿的容器，所有对象都必须隶属于某个存储空间。
3. ＿＿＿＿是OSS存储数据的基本单元，又称OSS文件。
4. AccessKey（AK）指的是访问身份验证中用到的＿＿＿＿和＿＿＿＿。
5. ＿＿＿＿表示OSS对外服务的访问域名。

二、选择题

1. 下列选项中，不属于OSS存储类型的是（　　）。
   A．标准存储　　　　　　　　　B．低频存储
   C．冷归档存储　　　　　　　　D．热存储
2. 下列选项中，用于存储数据的是（　　）。
   A．Object　　　　　　　　　　B．Region
   C．Endpoint　　　　　　　　　D．Bucket
3. 下列选项中，表示OSS的数据中心所在物理位置的是（　　）。
   A．Object　　　　　　　　　　B．Region
   C．Endpoint　　　　　　　　　D．Bucket
4. 下列选项中，不属于OSS管理工具的是（　　）。
   A．ossimport　　　　　　　　　B．ossutil
   C．ossfs　　　　　　　　　　　D．Bucket
5. 下列选项中，能够进行数据迁移的工具是（　　）。
   A．ossimport　　　　　　　　　B．ossutil
   C．ossfs　　　　　　　　　　　D．Bucket

三、思考题

1. 简述Bucket与Object的区别。
2. 简述ossimport、ossutil与oosfs工具的用途。

四、操作题

将本地数据迁移至OSS中。

第 7 章

专有网络 VPC

本章学习目标

◎ 了解专有网络 VPC 的概念
◎ 熟悉专有网络 VPC 的配置
◎ 掌握专有网络 VPC 的管理方式

网络通常分为内网与外网。其中，外网是公共网络，所有连接外网的设备之间都可以通过外网进行通信。内网是局域网络，只部署在某一区域内，同一内网的设备之间可以进行通信。内网中的设备只能通过网关访问外网，从而有效隔离外网，保证了内网的网络安全，由此可见内网在网络应用中的重要性。一些公有云厂商也推出了一系列内网部署工具与管理工具，使用户可以通过云平台远程管理实例所在的内网。本章将针对VPC及其相关知识点进行讲解。

7.1 了解专有网络 VPC

云计算的发展日新月异，其对于虚拟化技术的要求也越来越高。虚拟网络也属于虚拟化技术的范畴，且因其覆盖范围广泛，用户对虚拟网络的安全性、可靠性、弹性与私密性提出了更高的要求。

面对上述情况，人们将虚拟网络与物理网络进行了融合，形成了一个扁平的网络架构，例如大二层网络。但这种网络架构在覆盖范围较广的情况下存在较大的安全隐患，容易被网络攻击。为了解决这些问题，一系列网络隔离技术应运而生，它们的主要目的是将物理网络与虚拟网络进行隔离。其中比较常用的技术是VLAN技术，通过VLAN将网络进行隔离，但其弊端是最多只能同时支持4 096个，无法应对庞大的用户数量。

专有网络VPC是一款云上私有网络，用户可以通过云平台配置网络中的路由表、交换机、网关等。专有网络VPC技术主要基于隧道技术，通过专有网络隔离虚拟网络。每个VPC都有专属的隧道号，每个隧道号对应一个虚拟网络。同一个VPC内的实例之间进行传输的数据包都会经过隧道封装，并添加唯一的隧道ID。因此不同VPC内的实例之间的隧道ID不同，处于不同的路由平面，所以不同VPC内的实例之间无法通信。

每个专有网络由至少一个网段与路由器，以及私有网段组成，如图7.1所示。

在创建专有网络与交换机时，需要用户设置私有网段。用户可以根据标准网段创建，也可以自定义创建。标准网段及其说明见表7.1。

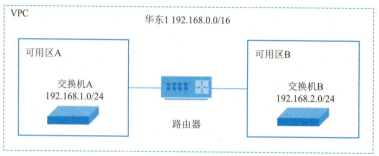

图 7.1 专有网络组成

表 7.1 标准网段及其说明

网段	说明
192.168.0.0/16	可用私网 IP 数量（不包括系统保留地址）：65 532
172.16.0.0/12	可用私网 IP 数量（不包括系统保留地址）：1 048 572
10.0.0.0/8	可用私网 IP 数量（不包括系统保留地址）：16 777 212
自定义地址段	除 100.64.0.0/10、224.0.0.0/4、127.0.0.0/8、169.254.0.0/16 及其子网外的自定义地址段

路由器（vRouter）是专有网络的重要组成部分，能够连接专有网络内的各个网关与交换机，在专有网络创建完成后由系统自动创建。每个路由器都关联一张路由表，通过路由表管理专有网络中的流量。通常在创建了专有网络之后会自动生成一张路由表，该路由表是专有网络默认使用的路由表，称为系统路由表。用户不能对系统路由表进行删除与创建，但可以通过创建另外的路由表对流量进行灵活管理，这些由用户创建的路由表称为自定义路由表。需要注意的是，每个专有网络中最多拥有10张路由表，其中包括系统路由表。

交换机（vSwitch）用于连接云资源，是组成专有网络的基础设备，主要用于在专有网络中划分一个或多个子网。同一专有网络内的交换机内网是互通的，因此用户可以将业务部署到不同交换机的子网中，从而提高业务可用性。

用户可以通过高速通道将专有网络与本地网络或其他专有网络进行连接，根据具体需求定制网络环境，实现对应用的平滑迁移与数据中心扩展。

网关与交换机组成了主要的数据通路，控制器将转发表下发到交换机中，形成了主要的配置通路。交换机是通过分布式进行部署的，网关与控制器是通过集群部署的，在各链路上都进行了容灾。

7.2 网络部署

数据传输是基于网络通信的，网络的部署关系到数据传输的方方面面。在网络部署时并非一味地追求一个大的网络架构，而是结合实际情况进行部署。如此，既能够节约成本，还能够部署出一个适用的网络架构。

7.2.1 网络规划

在配置专有网络VPC时，VPC的数量是用户经常遇到的问题，针对不同的情况需要配置不同数量的VPC网络。

1. VPC 规划

当网站不需要进行多地部署或网络隔离时,用户只需要部署一个专有网络VPC。VPC本身是不能跨地域部署的,用户可以在不同地域创建VPC,通过高速通道、VPN网关等进行连接。当多个业务之间需要进行隔离时,用户可以部署多个VPC,各VPC之间实现完全隔离。

2. 交换机规划

只使用一个VPC网络的情况下,用户可以通过在不同可用区分别部署交换机,实现跨可用区容灾。在前端系统需要被公网访问或主动访问公网的情况下,用户可以将不同的前端系统部署到不同的可访问公网的交换机下,将后端系统部署到对公网隔离的交换机下。具体的部署方式需要根据实际情况进行规划。

3. 网段规划

在划分网段时,用户可以使用10.0.0.0/8、172.16.0.0/12或192.168.0.0/16三个RFC标准私网网段,也可以自定义网段。需要注意的是,VPC网络不支持将100.64.0.0/10、224.0.0.0/4、127.0.0.0/8、169.254.0.0/16及其子网作为VPC的网段。

如果拥有多个VPC网络或需要将本地数据中心与VPC搭建混合云时,建议使用RFC标准私网网段作为VPC网络的私网网段。

因为经典网络的网段是10.0.0.0/8,所以当经典网络实例需要与VPC网络进行连接时,建议不要将10.0.0.0/8设为VPC的网段。

交换机下的网段必须是所属VPC网段的子集。交换机应在16位与29位网络掩码之间,能够提供8~65 536个IP地址。需要注意的是,每个交换机网段的第一个与最后三个IP地址作为系统保留地址。

如果需要将VPC与VPC或本地数据中心进行连接,需要尽量做到VPC与VPC之间、不同VPC的交换机之间、连接外网的交换机之间使用不同的网段。

7.2.2 部署专有网络 VPC

在部署VPC网络之前,注意做好相关的网络规划再进行部署。

1. 创建 VPC

进入专有网络VPC控制台,如图7.2所示。

图 7.2 专有网络 VPC 控制台

在专有网络控制台上方的菜单栏中选择需要创建VPC的地域,然后单击界面中的"创建专有网络"

按钮，进入专有网络创建界面。专有网络创建界面大致分为两部分内容，分别是专有网络的配置与交换机的配置，如图7.3和图7.4所示。

图 7.3　专有网络配置信息　　　　　图 7.4　交换机配置信息

专有网络的地域是在进入创建界面之前选定的，在该界面中无法更改。专有网络的名称可以由用户自定义，必须是英文字母或汉字开头。IPv4网段通常建议用户使用RFC标准私网网段，同时也允许用户自定义网段。当用户有使用IPv6的需求时，可以选择分配IPv6。描述框中的内容完全可以由用户自定义，主要目的是方便管理员对VPC进行管理，也可以为空。

交换机可以在专有网络创建完成之后再配置，也可以在创建VPC时配置。交换机的名称由用户自定义即可。可用区的选项由当前选择的地域决定，选择了可用区后，下方会展示该可用区当前允许创建的实例，如图7.5所示。

同时，右侧界面会展示该地域的专有网络架构图，如图7.6所示。

图 7.5　可用区资源　　　　　　　　图 7.6　专有网络架构

交换机的网段需要根据VPC网络的网段进行配置，网段内的可用IP地址与网段配置有关。如果还需添加交换机，可以单击交换机配置框左下角的"添加"按钮，继续配置下一台交换机。配置完成后，单击界面左下角的"完成"按钮，完成专有网络VPC与交换机的创建，如图7.7所示。

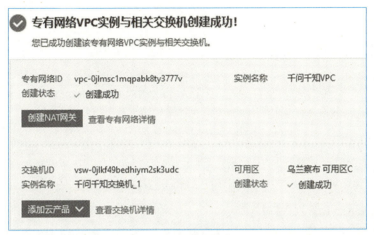

图 7.7　完成创建

2. 创建 ECS 实例

在已存在的VPC网络下创建ECS实例，使网络能够真正被应用。在专有网络VPC控制台单击左侧菜单栏中的"交换机"选项，进入交换机配置界面，如图7.8所示。

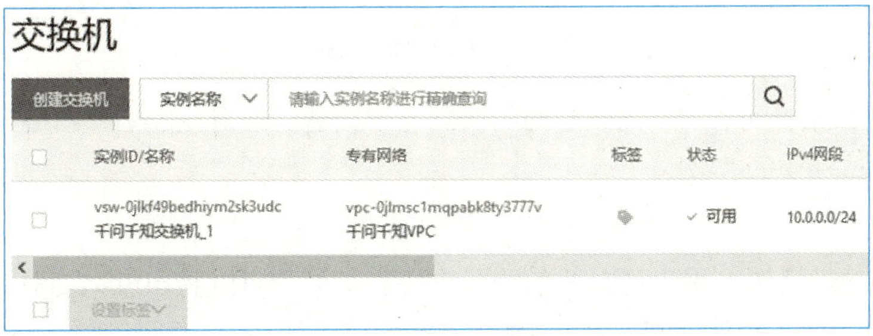

图 7.8　交换机配置界面

如果交换机列表中没有交换机，那么需要用户进行手动创建，单击左上角的"创建交换机"按钮即可。在交换机列表中选择任意一台交换机，将鼠标指针移动至"操作"项下的"创建"处，弹出创建下拉列表，如图7.9所示。

图 7.9　创建列表

在下拉列表中选择"ECS实例"选项，开始创建ECS实例。需要注意的是，在配置ECS实例网络时需要选择专有网络与专有网络下的交换机，不分配公网IPv4地址，并使用默认安全组，如图7.10所示。

图 7.10 ECS 实例网络配置

ECS实例创建完成后，可在ECS控制台的实例列表中查看。在对应的VPC网络列表中可以发现，此时该网络中已经存在一个ECS实例。

3.EIP 配置

EIP是独立的IP地址资源，用户可以单独购买与持有。用户可以将EIP绑定到ECS、SLB等实例上，使实例实现公网访问。进入EIP的控制台，如图7.11所示。

图 7.11 EIP 控制台

在EIP控制台界面中单击左上角的"创建弹性公网IP"按钮，进入创建界面，如图7.12和图7.13所示。

在EIP创建界面中，默认选择用户拥有VPC网络的地域。线路类型与网络类型是系统默认配置的，带宽、流量等信息由用户按需配置，名称可由用户自定义。公网IP的信息配置完成后，单击右下角的"立即购买"按钮，进入确认订单界面，如图7.14所示。

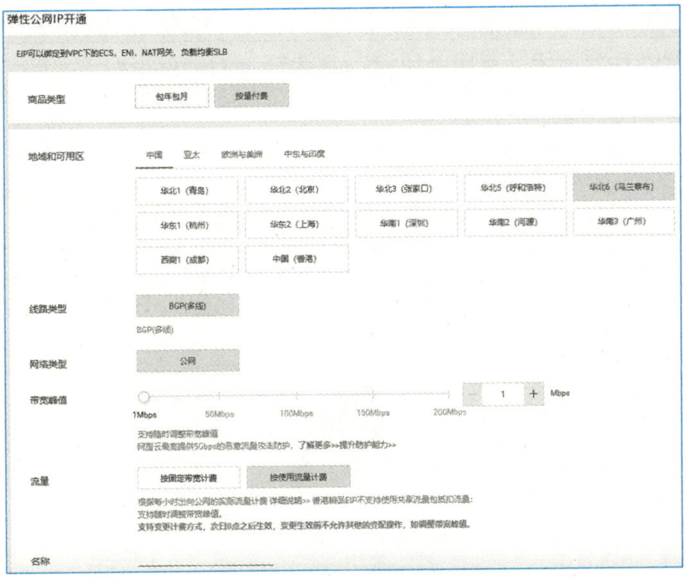

图 7.12　EIP 创建界面一

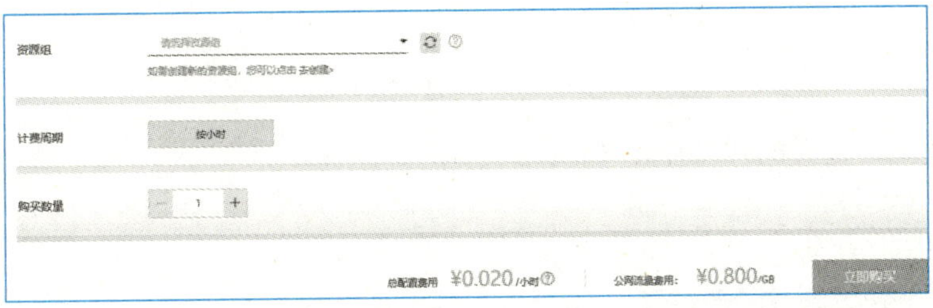

图 7.13　EIP 创建界面二

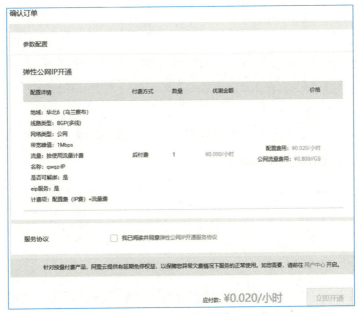

图 7.14　确认订单

在确认订单界面中建议单击"弹性公网IP开通服务协议"超链接，阅读该协议。协议阅读完成后，勾选"我已阅读并同意弹性公网IP开通服务协议"复选框，然后单击右下角的"立即开通"按钮，如图7.15所示。

图 7.15　开通完成

EIP开通成功之后，进入EIP控制台，如图7.16所示。

图 7.16　EIP 控制台

在EIP列表中，单击任意EIP操作项下的"绑定"按钮，进入绑定窗口，如图7.17所示。

图 7.17　绑定窗口

在"实例类型"下拉列表中选择需要绑定的实例类型，选择之后界面下方将展示与该类型相关的信息，此处以ECS为例，如图7.18所示。

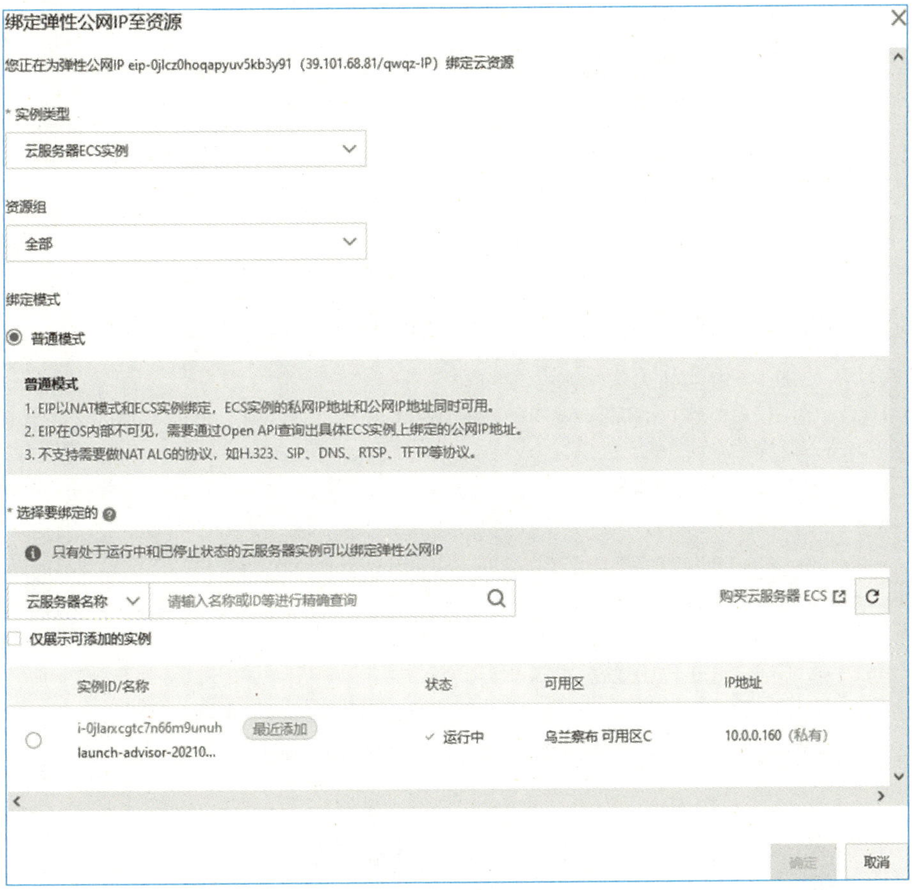

图 7.18　绑定窗口

用户可以在"资源组"下拉列表中选择不同的资源组筛选ECS实例。公网IP绑定之后，并不会影响实例的私网IP，即二者同时生效。用户还可以通过云服务器名称、云服务器ID、公网IP地址等信息筛选需要绑定的实例，如图7.19所示。

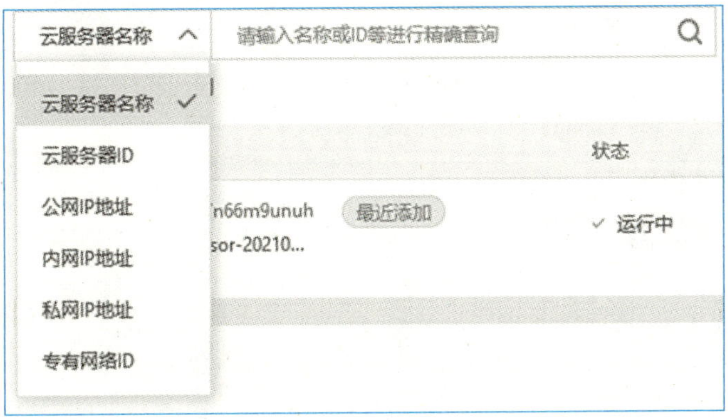

图 7.19　实例筛选

选定实例之后，单击右下角的"确定"按钮即可完成绑定。完成绑定后，可在EIP列表中查看到绑定信息，如图7.20所示。

图 7.20　EIP 列表

登录绑定公网IP的实例，向公网发送数据包，测试其可用性，示例代码如下：

```
[root@Verus ~]# ping baidu.com
PING baidu.com (220.181.38.251) 56(84) bytes of data.
64 bytes from 220.181.38.251 (220.181.38.251): icmp_seq=1 ttl=52 time=10.0 ms
64 bytes from 220.181.38.251 (220.181.38.251): icmp_seq=2 ttl=52 time=10.0 ms
64 bytes from 220.181.38.251 (220.181.38.251): icmp_seq=3 ttl=52 time=10.0 ms
64 bytes from 220.181.38.251 (220.181.38.251): icmp_seq=4 ttl=52 time=10.0 ms
64 bytes from 220.181.38.251 (220.181.38.251): icmp_seq=5 ttl=52 time=10.0 ms
^C
--- baidu.com ping statistics ---
5 packets transmitted, 5 received, 0% packet loss, time 4003ms
rtt min/avg/max/mdev = 10.047/10.072/10.087/0.064 ms
```

7.3　交换机管理

每个交换机都绑定了一个路由表，在创建VPC后，系统自动生成一个默认路由表。另外，用户还可以自定义路由表，将交换机与自定义路由表进行绑定。自定义路由表绑定交换机后，将自动与默认路由表解绑。将自定义路由表与交换机解绑后，默认路由表会自动绑定交换机。

7.3.1　绑定路由表

1. 创建路由表

在VPC控制台进入路由表界面，如图7.21所示。

图 7.21　路由表列表

由图7.21可知，系统路由表默认存在于路由表列表中。单击左上角的"创建路由表"按钮，进入创建路由表界面，如图7.22所示。

图 7.22　创建路由表

在创建路由表界面中，配置路由表的资源与专有网络，路由表名称与描述由用户自定义。路由表配置完成后，单击左下角的"确定"按钮，返回路由表列表，如图7.23所示。

图 7.23　路由表列表

由图7.23可知，当前自定义路由表已经存在于路由表列表中。

2. 绑定路由表

在VPC控制台的交换机界面中，单击交换机ID，进入详细信息界面，如图7.24所示。

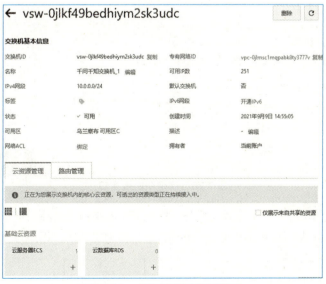

图 7.24　交换机详细信息界面

详细信息界面是关于该交换机的详细信息，包括IPv4网段、状态、可用区、创建时间等。在详细信息界面，单击下方的"路由管理"标签，进入路由管理页面，如图7.25所示。

图 7.25　路由管理

由图7.25可知，当前已绑定的路由表是系统路由表。在路由管理页面中单击交换机名称后的"绑定"超链接，弹出绑定路由表窗口，如图7.26所示。

图 7.26　绑定路由表窗口

在绑定路由表窗口的下拉列表中选择需要与交换机绑定的路由表，然后单击右下角的"确定"按钮即可进行绑定。若绑定成功，则不会出现任何报错信息。绑定成功后，用户可以在路由管理页面查看当前绑定的路由表，如图7.27所示。

图 7.27 路由管理页面

由图7.27可知,当前该交换机绑定的路由表为自定义路由表,但该页面只展示路由表ID。如果用户无法通过路由表ID确认路由表的具体身份,那么单击该路由表ID,进入该路由表的详细信息界面即可查看,如图7.28所示。

图 7.28 路由表详细信息界面

由图7.28可知,当前交换机绑定的自定义路由表的名称为千问千知路由表1。

3. 更换路由表

在已绑定自定义路由表的情况下,在路由管理页面单击"更换路由表绑定"超链接,进入绑定路由表窗口,如图7.29所示。

图 7.29　绑定路由表

在绑定路由表窗口中选择"更换自定义路由表"单选按钮，在下拉列表中选择需要更换的路由表，然后单击右下角的"确定"按钮，进行绑定。绑定完成后，可单击已绑定的路由表ID查看，如图7.30所示。

图 7.30　已绑定路由表

由图7.30可知，当前交换机已经更换绑定了另外一个路由表。

4. 解绑路由表

在绑定自定义路由表的情况下，进入绑定路由表窗口，选择"解绑路由表"单选按钮，如图7.31所示。

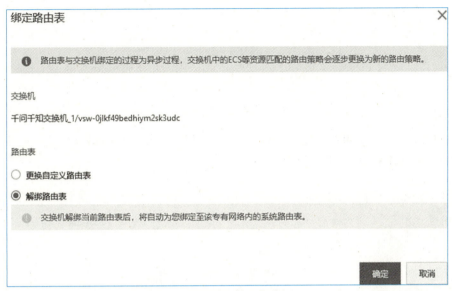

图 7.31　绑定路由表窗口

选择"解绑路由表"单选按钮后，单击右下角的"确定"按钮，弹出一个提示窗口，如图7.32所示。

图 7.32　提示窗口

由图7.32可知，如果解绑自定义路由表，那么交换机将自动绑定系统路由表。单击提示窗口中的"确定"按钮，将自定义路由表解绑。解绑后可在界面中查看到当前绑定的路由表是系统路由表。

7.3.2　绑定网络 ACL

网络ACL主要负责VPC网络的访问控制功能。用户可以通过配置ACL规则，并将ACL与交换机绑定，实现对交换机中弹性网卡流量的控制。交换机只能绑定所属VPC网络下的网络ACL，并且只能同时绑定一个网络ACL。

1. 绑定交换机

在交换机详细信息界面中，单击"网络ACL"右侧的"绑定"超链接（见图7.24），进入绑定网络ACL界面，如图7.33所示。

图 7.33　绑定网络 ACL 界面

单击绑定网络ACL界面中的下拉按钮，在下拉列表框中选择实例，如图7.34所示。

图 7.34 选择实例

由图7.34可知,当前没有可供选择的实例,此时需要用户单击左侧菜单栏中"访问控制"下的"网络ACL",进入网络ACL界面,如图7.35所示。

图 7.35 网络 ACL 界面

在网络ACL界面中,单击"创建网络ACL"按钮,开始创建,如图7.36所示。

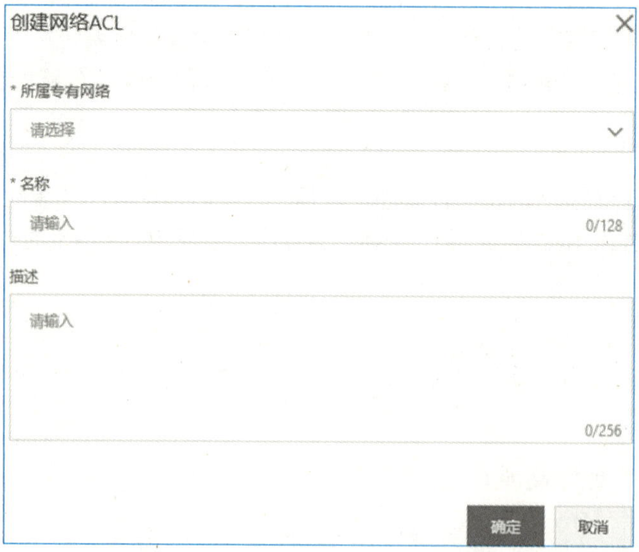

图 7.36 创建网络 ACL 界面

在创建网络ACL的过程中,用户需要在创建网络ACL界面中配置其所属的专有网络与名称。界面下方的描述信息是选填项。相关信息配置完成后,单击右下角的"确定"按钮,即可完成网络ACL的创建,如图7.37所示。

图 7.37　网络 ACL 列表

由图7.37可知，之前创建的网络ACL已存在于网络ACL列表中。此时，用户可以继续在绑定网络ACL界面选择网络ACL实例，然后单击界面下方的"确定"按钮，完成绑定，如图7.38所示。

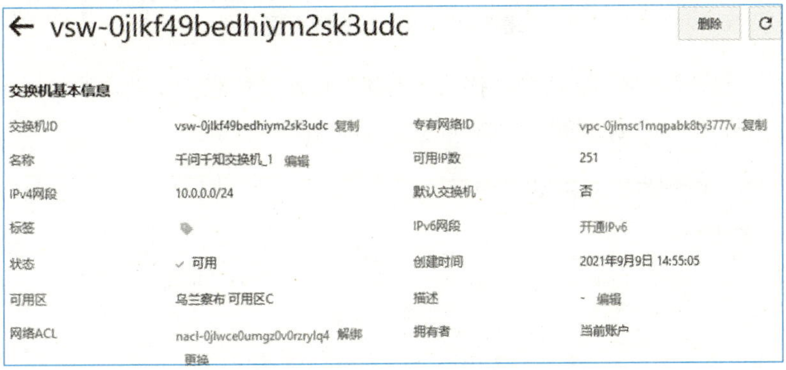

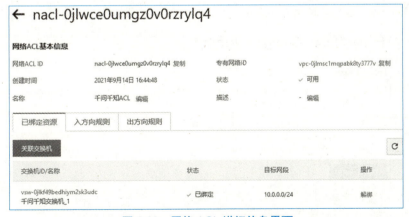

图 7.38　网络 ACL 绑定完成

2. 自定义网络 ACL 规则

交换机绑定了网络ACL之后，可以通过网络ACL规则管理弹性网卡的流量。用户可以使用ACL的默认规则，也可以自定义ACL规则，达到控制流量的目的。在网络ACL列表中，单击网络ACL的ID，进入网络ACL详细信息界面，如图7.39所示。

图 7.39　网络 ACL 详细信息界面

由图7.39可知，网络ACL规则包含了入方向规则与出方向规则。入方向规则表示进入内网的流量需要遵循的规则；出方向规则表示由内网发出的流量需要遵循的规则。单击"入方向规则"标签，进入"入方向规则"页面，如图7.40所示。

图 7.40　入方向规则页面

由图7.40可知，当前网络ACL默认允许接收所有IP地址通过任意协议发送的包。单击入方向规则页面中的"管理入方向规则"按钮，进入规则管理界面，如图7.41所示。

图 7.41　规则管理界面

网络ACL规则配置完成后，单击左下角的"确定"按钮，使规则生效，如图7.42所示。

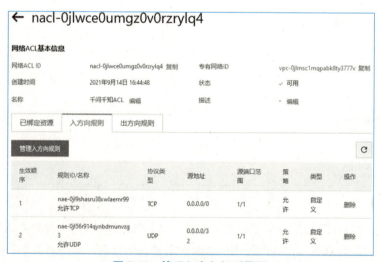

图 7.42　管理入方向规则界面

由图7.42可知，之前配置的网络ACL规则已经生效。当创建了较多ACL规则的情况下，用户可以通过配置每条规则的生效顺序，来决定哪条规则优先生效，具体配置方式在管理入方向规则界面使用鼠标拖动即可，如图7.43所示。

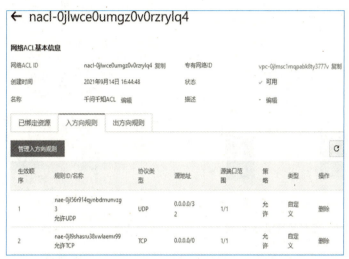

图 7.43　改变规则生效顺序

3. 解除绑定

解除网络ACL与交换机的绑定时，需要在交换机详细信息界面中单击"网络ACL"右侧的"解绑"超链接（见图7.24），弹出提示窗口，如图7.44所示。

图 7.44　解绑网络 ACL 提示窗口

7.4　高可用虚拟 IP

高可用虚拟IP（High-Availability Virtual IP Address，HaVip）是一种可以独立创建和释放的私网IP资源。高可用虚拟IP能够与高可用应用共同构建高可用主备服务器，消除单点故障，提高网站可用性。

7.4.1　高可用虚拟 IP 工作原理

高可用虚拟IP实现高可用方案的主要方式是将其绑定到ECS实例或实例网卡。高可用虚拟IP可以绑定到两个实例，再通过ARP地址解析协议声明该高可用虚拟IP与使用它的实例。声明成功后，其中一个ECS实例作为主实例，另外一个ECS实例作为备用实例，当主实例故障后，备用实例将替代主实例继续工作，提升服务的可用性，达到宏观上为用户提供不间断服务的目的。具体实现架构如图7.45所示。

高可用虚拟IP可以绑定到两个网卡，再通过ARP地址解析协议声明该高可用虚拟IP与使用它的弹性网卡。声明成功后，其中一个弹性网卡作为主网卡，另外一个弹性网卡作为备用网卡，当主网卡故障后，备用网卡将替代主网卡继续工作，提升服务的可用性，达到宏观上为用户提供不间断服务的目的。具体实现架构如图7.46所示。

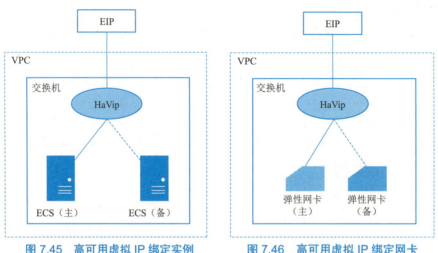

图 7.45　高可用虚拟 IP 绑定实例　　　图 7.46　高可用虚拟 IP 绑定网卡

需要注意的是，高可用虚拟IP是动态的，并非固定在某一实例或弹性网卡上，而实例或弹性网卡也可以通过ARP协议更改与高可用虚拟IP的关系。绑定高可用虚拟IP的实例或弹性网卡必须处于同一网络的同一交换机下。高可用虚拟IP允许同时绑定两个实例或两个弹性网卡，但不允许同时绑定实例与网卡。

7.4.2　高可用虚拟 IP 应用场景

高可用虚拟IP绑定后，可与Keepalived共同构建成为一个高可用的私网服务，同一VPC网络中的其他实例可以通过高可用虚拟IP访问到该服务，如图7.47所示。

将高可用虚拟IP绑定到实例或弹性网卡，与Keepalived组成一个高可用服务后，高可用虚拟IP就是该服务器的IP地址。再将高可用虚拟IP与弹性公网IP地址进行绑定，便可对公网提供服务，如图7.48所示。

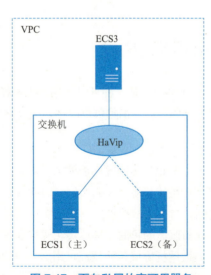
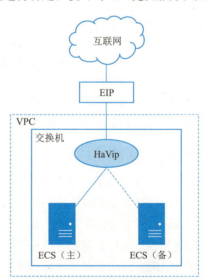

图 7.47　面向私网的高可用服务　　　图 7.48　面向公网的高可用服务

7.4.3 高可用虚拟 IP 实践应用

在创建高可用虚拟IP之前需要确认当前高可用虚拟IP是否处于公测期，如果处于公测期，那么需要使用阿里云账号在阿里云平台申请使用。

1. 创建高可用虚拟 IP

登录阿里云账号，进入专有网络管理控制台，单击界面左侧菜单栏中的"高可用虚拟IP"，进入高可用虚拟IP界面，如图7.49所示。

图 7.49 高可用虚拟 IP 界面

在高可用虚拟IP界面中，单击"创建高可用虚拟IP"按钮，进入创建高可用虚拟IP界面，如图7.50所示。

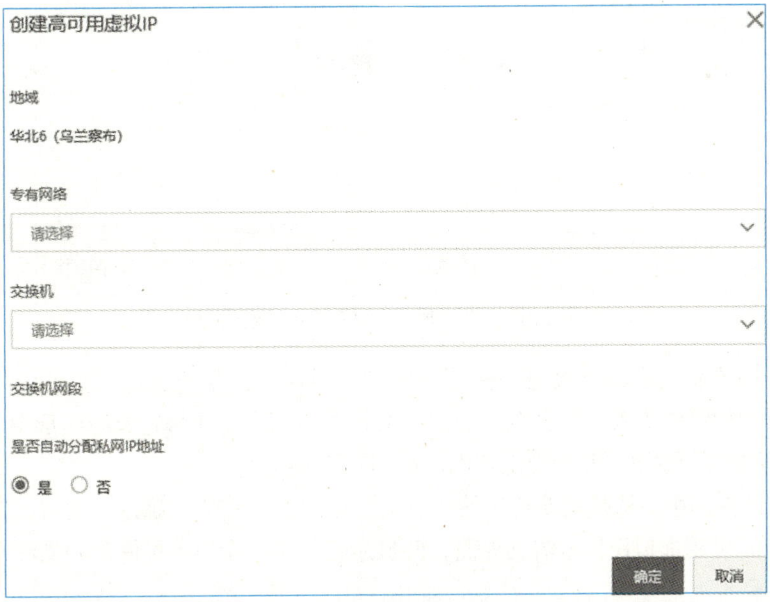

图 7.50 创建高可用虚拟 IP 界面

在创建高可用虚拟IP界面中，选择需要使用的专有网络以及需要使用的该专有网络的交换机。在选择了专有网络与交换机之后，交换机下方将展示当前交换机的网段。如果不需要自动分配私网IP地址，那么用户需要手动指定一个所选交换机的IP地址池中未被使用的IP地址。所有信息配置完成后，单击界面右下角的"确定"按钮即可进行创建高可用虚拟IP，创建完成后，新建的高可用虚拟IP将写入高可用虚拟IP列表中，如图7.51所示。

图 7.51　高可用虚拟 IP 列表

用户可以通过高可用虚拟IP列表对高可用虚拟IP进行管理。

2. 绑定实例

在绑定实例之前，必须保证当前账户下拥有两个ECS实例。

在高可用虚拟IP列表中，单击任意一个高可用虚拟IP的ID，进入该高可用虚拟IP的基本信息界面，如图7.52所示。

图 7.52　高可用虚拟 IP 基本信息界面

高可用虚拟IP基本信息界面大致分为两部分内容，界面上方是该高可用虚拟IP的基本信息，界面下方将该高可用虚拟IP绑定资源的信息以图形化的方式展示出来。在绑定资源图形中，单击"ECS实例（备）"处的"立即绑定"按钮，开始绑定实例，如图7.53所示。

在绑定ECS实例界面中，选择需要绑定的实例后，单击右下角的"确定"按钮，完成绑定。绑定实例后，界面将退回高可用虚拟IP基本信息界面，并显示已绑定一个ECS实例，如果没有显示，刷新界面即可，如图7.54所示。

如果需要解除绑定，单击"ECS实例（备）"处的"解除关联"按钮即可。

3. 绑定弹性网卡

将高可用虚拟IP绑定到弹性网卡之前，该账户需要拥有两个辅助弹性网卡与ECS实例，然后将辅助弹性网卡绑定到ECS实例。

在ECS实例界面左侧菜单栏的"网络与安全"条目下,单击"弹性网卡"选项,进入弹性网卡界面,如图7.55所示。

图 7.53 绑定 ECS 实例界面

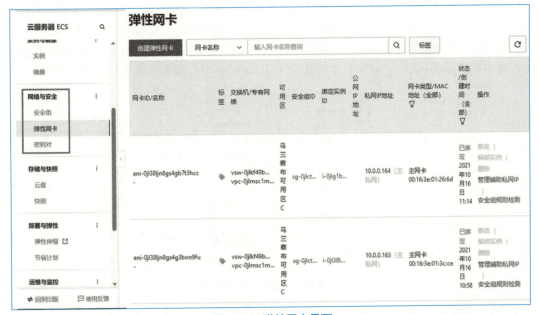

图 7.54 绑定实例后界面

图 7.55 弹性网卡界面

在弹性网卡界面中单击左上角的"创建弹性网卡"按钮,开始创建弹性网卡,如图7.56所示。

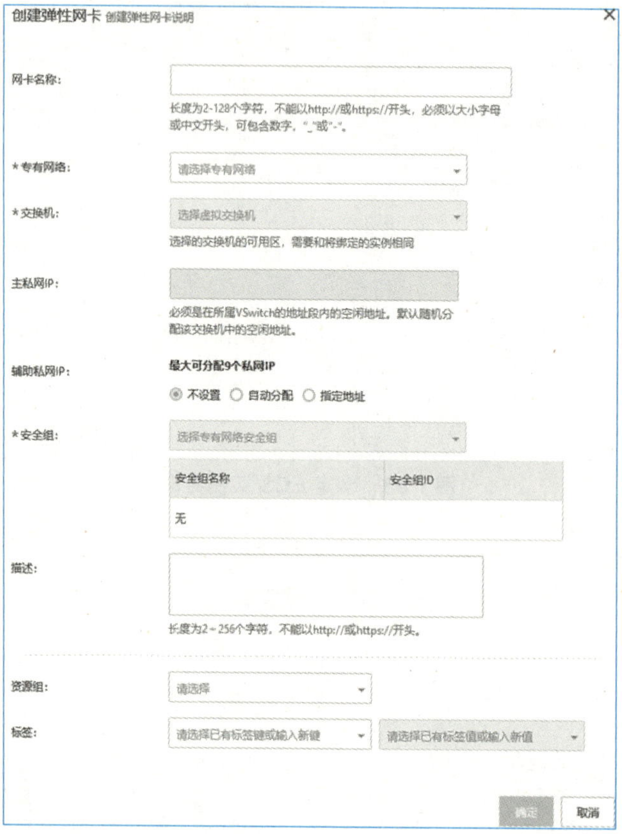

图 7.56　创建弹性网卡

用户需要在创建弹性网卡界面中配置弹性网卡的网卡名称、专有网络、交换机、安全组等信息。弹性网卡相关信息配置完成后,单击左下角的"确定"按钮完成创建。已创建的弹性网卡将显示在弹性网卡界面中。需要注意的是,弹性网卡需要绑定实例才能真正发挥作用。进入ECS实例界面,在需要绑定网卡的实例的管理菜单中选择"网络与安全组"→"绑定辅助弹性网卡"选项,如图7.57所示。

图 7.57　实例管理菜单栏

选择"绑定辅助弹性网卡"选项,进入绑定辅助弹性网卡窗口,如图7.58所示。

图 7.58　绑定辅助弹性网卡窗口

在绑定辅助弹性网卡窗口中选择需要绑定的网卡，单击左下角的"确定"按钮，完成网卡绑定。需要注意的是，一些规格的实例可能需要先停止，再绑定网卡。

4. 绑定 EIP

在绑定EIP之前必须保证当前账号中拥有一个空闲的EIP，如果没有，那么需要用户手动创建。在高可用虚拟IP基本信息界面中（见图7.52），单击"弹性公网IP"处的"立即绑定"按钮，进入绑定弹性公网IP窗口，如图7.59所示。

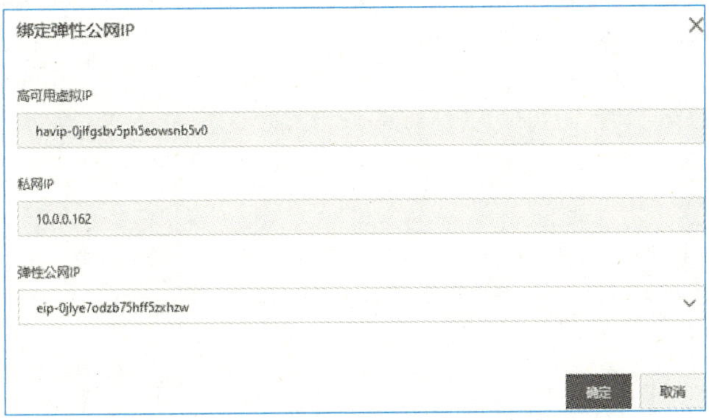

图 7.59　绑定弹性公网 IP 窗口

在绑定弹性公网IP窗口中选择需要绑定的公网IP后，单击左下角的"确定"按钮，完成绑定。最终的绑定结果如图7.60所示。

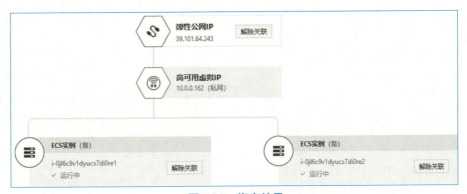

图 7.60　绑定结果

5. 部署 Keepalived

在已绑定高可用虚拟IP的两台实例中安装Keepalived，示例代码如下：

```
[root@iZ0jl6c9v1dyucs7di0re1Z ~]# yum -y install keepalived
Loaded plugins: fastestmirror
Determining fastest mirrors
...
Resolving Dependencies
--> Running transaction check
---> Package keepalived.x86_64 0:1.3.5-19.el7 will be installed
--> Processing Dependency: libnetsnmpmibs.so.31()(64bit) for package: keepalived-1.3.5-19.el7.x86_64
--> Processing Dependency: libnetsnmpagent.so.31()(64bit) for package: keepalived-1.3.5-19.el7.x86_64
--> Processing Dependency: libnetsnmp.so.31()(64bit) for package: keepalived-1.3.5-19.el7.x86_64
--> Running transaction check
---> Package net-snmp-agent-libs.x86_64 1:5.7.2-49.el7_9.1 will be installed
---> Package net-snmp-libs.x86_64 1:5.7.2-49.el7_9.1 will be installed
--> Finished Dependency Resolution
...
Installed:
  keepalived.x86_64 0:1.3.5-19.el7

Dependency Installed:
  net-snmp-agent-libs.x86_64 1:5.7.2-49.el7_9.1          net-snmp-libs.x86_64 1:5.7.2-49.el7_9.1

Complete!
```

两台实例中，一台作为主实例，另一台作为备用实例。在主实例中配置Keepalived后，启动该服务，示例代码如下：

```
[root@iZ0jl6c9v1dyucs7di0re1Z keepalived]# cat keepalived.conf
! Configuration File for keepalived
global_defs {
   notification_email {
     acassen@firewall.loc
     failover@firewall.loc
     sysadmin@firewall.loc
   }
   notification_email_from Alexandre.Cassen@firewall.loc
   smtp_server 192.168.200.1
   smtp_connect_timeout 30
   router_id LVS_DEVEL
```

```
    vrrp_skip_check_adv_addr
    vrrp_garp_interval 0
    vrrp_gna_interval 0
}
#vrrp_script checkhaproxy
#{
#    script "/etc/keepalived/do_sth.sh"
#    interval 5
#}
vrrp_instance VI_1 {
    state MASTER              #设置ECS1实例为主实例
    interface eth0            #设置网卡名，本示例配置为eth0
    virtual_router_id 51
    nopreempt
#   preempt_delay 10
    priority 100              #设置优先级，数字越大，优先级越高，本示例配置主实例优先级为100
    advert_int 1
    authentication {
        auth_type PASS
        auth_pass 1111
    }
    unicast_src_ip 10.0.0.166    #设置ECS实例的私网IP地址，本示例配置为10.0.0.166
    unicast_peer {
        10.0.0.167               #对端ECS实例的私网IP地址，本示例配置为10.0.0.167
    }
    virtual_ipaddress {
        10.0.0.162               #设置HaVip的IP地址，本示例配置为10.0.0.162
    }
    notify_master "/etc/keepalived/notify_action.sh MASTER"
    notify_backup "/etc/keepalived/notify_action.sh BACKUP"
    notify_fault "/etc/keepalived/notify_action.sh FAULT"
    notify_stop "/etc/keepalived/notify_action.sh STOP"
    garp_master_delay 1
    garp_master_refresh 5

    track_interface {
        eth0                  #设置ECS实例网卡名，本示例配置为eth0
    }
#   track_script {
#       checkhaproxy
#   }
}
[root@iZ0jl6c9v1dyucs7di0re1Z ~]# systemctl start keepalived
```

Keepalived启动后，需要部署一个Web应用，供用户访问，此处以Nginx为例，示例代码如下：

```
[root@iZ0jl6c9v1dyucs7di0re1Z ~]# yum -y install nginx
Loaded plugins: fastestmirror
Loading mirror speeds from cached hostfile
Resolving Dependencies
--> Running transaction check
---> Package nginx.x86_64 1:1.20.1-2.el7 will be installed
--> Processing Dependency: nginx-filesystem = 1:1.20.1-2.el7 for package: 1:nginx-1.20.1-2.el7.x86_64
--> Processing Dependency: libcrypto.so.1.1(OPENSSL_1_1_0)(64bit) for package: 1:nginx-1.20.1-2.el7.x86_64

...
Dependencies Resolved

Installed:
  nginx.x86_64 1:1.20.1-2.el7

Dependency Installed:
  centos-indexhtml.noarch 0:7-9.el7.centos    gperftools-libs.x86_64 0:2.6.1-1.el7
  nginx-filesystem.noarch 1:1.20.1-2.el7      openssl11-libs.x86_64 1:1.1.1g-3.el7

Complete!
[root@iZ0jl6c9v1dyucs7di0re1Z ~]# systemctl start nginx
```

为了便于区别，用户可以修改访问页面的内容，示例代码如下：

```
[root@iZ0jl6c9v1dyucs7di0re1Z ~]# echo "Welcome to ECS1" > /usr/share/nginx/html/index.html
```

在备用实例中配置Keepalived，并启动该服务，示例代码如下：

```
[root@iZ0jl6c9v1dyucs7di0re2Z ~]# cat /etc/keepalived/keepalived.conf
! Configuration File for keepalived
global_defs {
   notification_email {
     acassen@firewall.loc
     failover@firewall.loc
     sysadmin@firewall.loc
   }
   notification_email_from Alexandre.Cassen@firewall.loc
   smtp_server 192.168.200.1
   smtp_connect_timeout 30
   router_id LVS_DEVEL
   vrrp_skip_check_adv_addr
```

```
  vrrp_garp_interval 0
  vrrp_gna_interval 0
}
#vrrp_script checkhaproxy
#{
#    script "/etc/keepalived/do_sth.sh"
#    interval 5
#}
vrrp_instance VI_1 {
state BACKUP                  #设置ECS2实例为备用实例
    interface eth0            #设置网卡名,本示例配置为eth0
    virtual_router_id 51
    nopreempt
#   preempt_delay 10
    priority 10               #设置优先级,数字越大,优先级越高,本示例配置备用实例优先级为10
    advert_int 1
    authentication {
        auth_type PASS
        auth_pass 1111
    }
    unicast_src_ip 10.0.0.167     #设置ECS实例的私网IP地址,本示例配置为10.0.0.167
    unicast_peer {
        10.0.0.166            #对端ECS实例的私网IP地址,本示例配置为10.0.0.166
    }
    virtual_ipaddress {
        10.0.0.162            #设置HaVip的IP地址,本示例配置为10.0.0.162
    }
    notify_master "/etc/keepalived/notify_action.sh MASTER"
    notify_backup "/etc/keepalived/notify_action.sh BACKUP"
    notify_fault "/etc/keepalived/notify_action.sh FAULT"
    notify_stop "/etc/keepalived/notify_action.sh STOP"
    garp_master_delay 1
    garp_master_refresh 5

     track_interface {
        eth0                  #设置ECS实例网卡名,本示例配置为eth0
     }
#    track_script {
#        checkhaproxy
#    }
}
[root@iZ0jl6c9v1dyucs7di0re2Z ~]# systemctl start keepalived
```

在备用实例中安装启动Nginx，并修改页面内容，示例代码如下：

```
[root@iZ0jl6c9v1dyucs7di0re2Z ~]# yum -y install nginx
Loaded plugins: fastestmirror
Loading mirror speeds from cached hostfile
Resolving Dependencies
--> Running transaction check
---> Package nginx.x86_64 1:1.20.1-2.el7 will be installed
--> Processing Dependency: nginx-filesystem = 1:1.20.1-2.el7 for package: 1:nginx-1.20.1-2.el7.x86_64
--> Processing Dependency: libcrypto.so.1.1(OPENSSL_1_1_0)(64bit) for package: 1:nginx-1.20.1-2.el7.x86_64
...
Dependencies Resolved

Installed:
  nginx.x86_64 1:1.20.1-2.el7

Dependency Installed:
  centos-indexhtml.noarch 0:7-9.el7.centos  gperftools-libs.x86_64 0:2.6.1-1.el7
  nginx-filesystem.noarch 1:1.20.1-2.el7    openssl11-libs.x86_64 1:1.1.1g-3.el7

Complete!
[root@iZ0jl6c9v1dyucs7di0re2Z ~]# systemctl start nginx
[root@iZ0jl6c9v1dyucs7di0re2Z ~]# echo "Welcome to ECS2" > /usr/share/nginx/html/index.html
```

主实例与备用实例都配置完成后，在浏览器中通过弹性公网IP访问实例，如图7.61所示。

图 7.61　实例正常时的访问结果

在实例正常运行时，用户只能访问到主实例中的内容。将主实例中的服务停止，模拟服务器故障，示例代码如下：

```
[root@iZ0jl6c9v1dyucs7di0re1Z ~]# systemctl stop keepalived
```

主实例中的实例停止后，再次通过公网IP访问实例，如图7.62所示。

图 7.62　主实例故障后的访问结果

由图7.62可知，当前备用实例已经替代主实例开始工作。

Keepalived具有VRRP（Virtual Router Redundancy Protocol，虚拟路由冗余协议）协议的功能，并以该功能为基础实现高可用。将几台提供相同功能的服务器组成一个服务器组，这个组中有一个master服务器与一个或多个backup服务器，master服务器上有一个对外提供服务的VIP（Virtual IP，即对外提供服务的IP地址，该服务器所在局域网内其他机器的默认路由为该VIP）。master服务器会发送心跳信息（组播），当backup服务器收不到master服务器发出的心跳信息时，就认定master服务器发生了故障，这时就需要根据VRRP的优先级选举一个backup服务器充当master服务器继续提供服务。

小　　结

本章主要讲解了VPC专有网络的概念、VPC专有网络部署方式、交换机与路由器管理技术、高可用虚拟IP工作原理以及高可用虚拟IP的实践应用技术。通过本章的学习，希望读者能够了解VPC专有网络的概念，熟悉VPC专有网络的工作原理，掌握在实际工作中VPC专有网络的部署与应用。

习　　题

一、填空题

1. 专有网络 VPC 是一款云上_____网络，用户可以通过云平台配置网络中的路由表、交换机、网关等。

2. _____是专有网络的重要组成部分，能够连接专有网络内的各个网关与交换机，在专有网络创建完成后由系统自动创建。

3. _____用于连接云资源，是组成专有网络的基础设备，主要用于在专有网络中划分一个或多个子网。

4. VPC 本身是_____跨地域部署的。

5. 只使用一个 VPC 网络的情况下，用户可以通过在不同_____分别部署交换机，实现跨可用区容灾。

二、选择题

1. 下列选项中，能够在专有网络中划分一个或多个子网的是（　　）。
   A．交换机　　　　　　　　　　　B．路由器
   C．路由表　　　　　　　　　　　D．ACL

2. 下列选项中，能够连接专有网络内的各个网关与交换机的是（　　）。
   A. 实例　　　　　　　　　　　　B. 路由器
   C. 路由表　　　　　　　　　　　D. ACL
3. 下列选项中，不属于 RFC 标准私网网段的是（　　）。
   A. 10.0.0.0/8　　　　　　　　　B. 172.16.0.0/12
   C. 192.168.0.0/16　　　　　　　D. 192.168.0.1/24
4. 下列选项中，属于 VPC 默认路由表的是（　　）。
   A. 系统路由表　　　　　　　　　B. 私有路由表
   C. 自定义路由表　　　　　　　　D. 绑定路由表
5. 下列选项中，能够被高可用虚拟 IP 同时绑定的是（　　）。
   A. 弹性公网 IP　　　　　　　　 B. 两台 ECS 实例
   C. 两块弹性网卡　　　　　　　　D. 一台 ECS 实例与一块弹性网卡

三、思考题

1. 简述路由器与交换机的区别。
2. 简述 VPC 网络规划方案。

四、操作题

使用高可用虚拟 IP 部署一个面向公网的高可用方案。

第 8 章 云监控平台

本章学习目标
◎ 了解云监控的概念
◎ 熟悉云监控产品的配置
◎ 掌握云监控的部署方式

在工作环境中,运维工程师通常需要获取当前服务器的信息或业务信息,以防服务器突发故障。因此,需要一些工具来监控服务器,帮助运维工程师获取服务器的实时状态。面对云上资源,公有云厂商也推出了一系列监控措施,这些监控措施统称云监控。本章将针对云监控及其相关知识点进行讲解。

8.1 了解云监控

云监控(Cloud Monitor)是一款针对云上资源与互联网业务提供监控的服务。

云监控为云上用户提供了即开即用的云上监控解决方案,在用户需要时能够即时通过云监控获取到云上资源的状态信息。云监控包含了基础设施与公网流量的监控方案,能够基于事件、日志与用户自定义监控项高效可靠地监控服务。

云监控提供了跨云服务与跨地域的应用分组管理模板与报警模板,用户能够通过这些模板构建出多种云上监控解决方案。

云监控主要用于监控云上资源的状态信息与云服务的可用性,使用户能够及时了解到当前云上资源的使用情况与业务运行情况,对可能发生或已经发生的故障事件及时做出处理。

云监控无须用户购买,在开通了阿里云账号后自动生成。云监控通过Dashboard为用户提供信息,将收集到的信息以图形化的方式展示出来,允许用户自定义图形界面,并支持从时间维度与空间维度的聚合图形,能够满足多种需求。用户可以在云监控中配置报警媒介与报警阈值,当监控项到达报警阈值后,云监控会通过报警媒介向用户发送报警信息。

8.2 Dashboard 应用

Dashboard为用户提供了多元化的图形界面,使用户能够更直观地查看监控信息。进入云监控控制台,如图8.1所示。

由图8.1可知,云监控控制台的主页面中的内容是各监控项的大致信息,左侧是关于云监控的菜单栏。单击左侧菜单栏中的"Dashboard"折叠项，如图8.2所示。

图 8.1 云监控控制台

图 8.2 "Dashboard"折叠项

由图8.2可知，"Dashboard"折叠项下有3个选项，分别是自定义大盘、网络监控大盘与云产品监控大盘。自定义大盘允许用户对监控大盘进行自定义布置，网络监控大盘用于查看云实例的网络状态信息，云产品监控大盘主要用于查看云产品的资源状态信息。

单击"网络监控大盘"选项，进入网络监控大盘界面，如果当前账号拥有正在运行的实例，界面将展示当前实例的网络信息，如图8.3至图8.5所示。

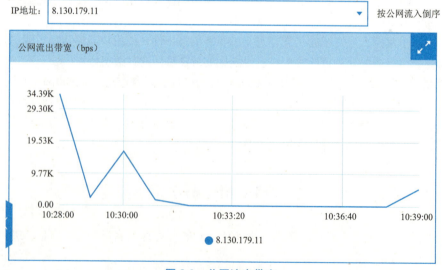

图 8.3 公网流出带宽

图 8.4 公网流入带宽

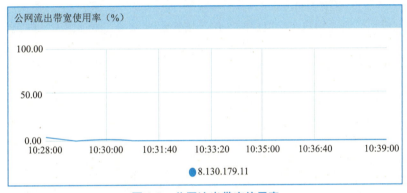

图 8.5 公网流出带宽使用率

由图 8.3 至图 8.5 可知，网络监控大盘界面中默认有 3 个折线图，分别展示当前云产品的公网流出带宽、公网流入带宽与公网流出带宽使用率。

1. 添加图表

单击图 8.2 中的"自定义大盘"选项，进入自定义大盘界面，如图 8.6 所示。

图 8.6 自定义大盘界面

由图 8.6 可知，自定义大盘界面中没有图形展示，需要用户自定义创建。单击自定义大盘界面中的"创建监控大盘"按钮，开始创建监控大盘，如图 8.7 所示。

图 8.7 创建视图组

在创建视图组窗口的输入框中输入视图组的名称，单击右下角的"确定"按钮完成创建，如图8.8所示。

图 8.8　视图组

视图组创建完成后，需要用户定义监控的实例与监控项，单击"添加图表"按钮，开始添加图表，如图8.9所示。

图 8.9　添加图表

由图8.9可知，用户可以选择图形的类型，Dashboard为用户提供了折线图、面积图、TopN表格、热力图与饼图五种图形类型。另外，Dashboard还提供了3种监控类型，包括云产品监控、日志监控与自定义监控。其中，云产品监控针对该账号下的云产品状态进行监控，日志监控针对日志进行监控，自定义监控由用户自定义监控类别与监控项。

在添加图表界面中配置需要监控的资源、监控项后，单击左下角的"发布"按钮，完成图表添加，如图8.10所示。

图 8.10　监控图表

2. 修改图表

在控制大盘中拥有数量较多的图表时，用户可以将不需要的图表修改为其他需要的内容。将鼠标移动至图表处，该图表的右上角将出现5个标签，如图8.11所示。

图 8.11　图表标签

下面分别讲解图8.11中各标签的含义。

◐：该标签用于进行时间对比，将近期收集到的信息与之前一段时间的信息做对比。单击◐标签即可配置对比时间，如图8.12所示。

图 8.12　时间对比

🕐：该标签表示区间查看，主要用于查看对应图表的监控项在某一时间段的信息，如图8.13所示。

图 8.13　区间查看

↻表示刷新，用于刷新当前图表中的数据。

⤢用于图表放大，能够重新开启一个窗口将图表放大，展示更多细节，如图8.14所示。

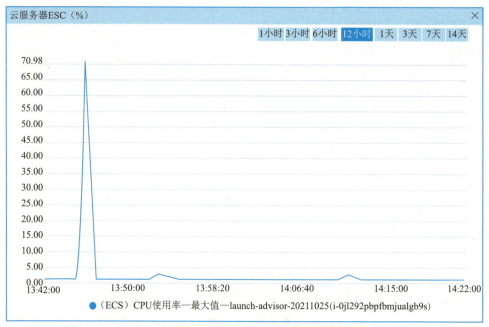

图 8.14　图表放大

○：表示设置，其中包含3个标签，如图8.15所示。
✎：表示编辑，用于修改图表内容。
🗑：用于删除图表。
⬇：用于导出数据。

图 8.15　设置标签

8.3　主机监控

　　监控是一个宏观的概念，在云监控中包含的监控内容有主机监控、事件监控、日志监控、站点监控等。其中主机监控是一项常用技术，它面向主机收集监控信息，将信息展示给用户。

8.3.1　插件管理

　　无论是阿里云ECS实例，还是其他云平台的虚拟机或物理机，云监控平台都能够对其提供主机监控服务，但当前只能针对Linux与Windows主机进行监控。在监控主机之前，用户需要手动在主机中安装插件，为主机提供监控功能。用户可以通过云监控平台查看主机的资源使用情况与故障指标。

1. 插件介绍

　　云监控插件共有3个版本，分别是C++、Go与Java。其中C++插件比Go与Java占用的CPU与内存资源更少，并且Go与Java已经不再维护，所以此处推荐使用C++插件。安装云监控插件的系统要求见表8.1。

表 8.1　安装云监控插件系统要求

操作系统	硬件架构
Windows 7、Windows Server 2008 R2 及以上版本	i386、AMD64
Linux 2.6.23 及以上版本（必须包括 Glibc 库）	i386、AMD64

如果使用Windows操作系统，那么插件日志的位置是C:\Program Files\Alibaba\cloudmonitor\local_data\logs；如果使用Linux操作系统，那么插件日志的位置是/usr/local/cloudmonitor/local_data/logs。插件日志所在的目录下包含两种日志文件，分别是argusagentd.log与argusagent.log。其中，argusagentd.log是云监控C++版本插件在运行时记录守护进程状态的日志；argusagent.log是云监控C++版本插件的运行日志。

2. 配置网络

以root登录主机，并安装相关工具包，示例代码如下：

```
[root@iZ2ze8hv35kp7k53y6tnkeZ ~]# yum -y install bind-utils
Loaded plugins: fastestmirror
Determining fastest mirrors
base                                                    | 3.6 kB  00:00:00
epel                                                    | 4.7 kB  00:00:00
extras                                                  | 2.9 kB  00:00:00
updates                                                 | 2.9 kB  00:00:00
(1/7): epel/x86_64/group_gz                             |  96 kB  00:00:00
(2/7): base/7/x86_64/group_gz                           | 153 kB  00:00:00
(3/7): extras/7/x86_64/primary_db                       | 243 kB  00:00:00
(4/7): base/7/x86_64/primary_db                         | 6.1 MB  00:00:00
(5/7): epel/x86_64/updateinfo                           | 1.0 MB  00:00:00
(6/7): epel/x86_64/primary_db                           | 7.0 MB  00:00:00
(7/7): updates/7/x86_64/primary_db                      |  12 MB  00:00:00
Resolving Dependencies
...
Installed:
  bind-utils.x86_64 32:9.11.4-26.P2.el7_9.7

Dependency Installed:
  GeoIP.x86_64 0:1.5.0-14.el7                           bind-libs.x86_64 
32:9.11.4-26.P2.el7_9.7
  bind-libs-lite.x86_64 32:9.11.4-26.P2.el7_9.7         bind-license.noarch 
32:9.11.4-26.P2.el7_9.7
  geoipupdate.x86_64 0:2.5.0-1.el7

Complete!
```

执行nslookup命令，获取云监控的心跳IP地址，示例代码如下：

```
[root@iZ2ze8hv35kp7k53y6tnkeZ ~]# nslookup cms-cloudmonitor.aliyun.com
Server:         100.100.2.136
Address:        100.100.2.136#53

cms-cloudmonitor.aliyun.com     canonical name = na61-na62.wagbridge.alibaba.
aliyun.com.
```

```
na61-na62.wagbridge.alibaba.aliyun.com    canonical name = na61-na62.wagbridge.
alibaba.aliyun.com.gds.alibabadns.com.
Name:     na61-na62.wagbridge.alibaba.aliyun.com.gds.alibabadns.com
Address: 203.119.214.116
```

用户可以将云监控数据上报到公网IP或VPC专有网络。解析获取云监控数据上报的VPC IP地址的命令格式如下：

```
nslookup metrichub-cms-<regionid>.aliyuncs.com
```

解析获取云监控数据上报的公网IP地址的命令格式如下：

```
nslookup metrichub-<regionid>.aliyun.com
```

此处以公网IP为例，解析获取云监控数据上报的IP地址，示例代码如下：

```
[root@iZ2ze8hv35kp7k53y6tnkeZ ~]# nslookup metrichub-cn-beijing.aliyun.com
Server:         100.100.2.136
Address:        100.100.2.136#53

Name:    metrichub-cn-beijing.aliyun.com
Address: 100.100.105.70
```

需要注意的是，使用公网进行数据上报时，regionid参数仅支持北京、上海、杭州与深圳。

将云监控的心跳IP地址和端口，以及数据上报IP地址和端口加入安全组与防火墙的白名单，以保证能够获取到监控数据。其中，需要开启的端口分别是80端口、443端口、8080端口与3128端口。80端口与443端口用于上报监控数据，8080端口与3128端口用于检测云监控插件的心跳。

3. 自动安装插件

登录云监控控制台，单击控制台左侧菜单栏中的"主机监控"选项，进入主机监控界面，如图8.16所示。

图 8.16　主机监控界面

在主机监控界面的实例列表中，在左侧小方框中选中需要安装插件的实例后，单击实例列表左下方的"批量安装或升级插件"按钮，弹出一个确认窗口，询问是否确认安装插件，如图8.17所示。

图 8.17 确认窗口

单击确认窗口右下角的"确定"按钮,即可开始安装插件。插件安装完成后,在实例列表中,插件状态显示为"运行中",如图 8.18 所示。

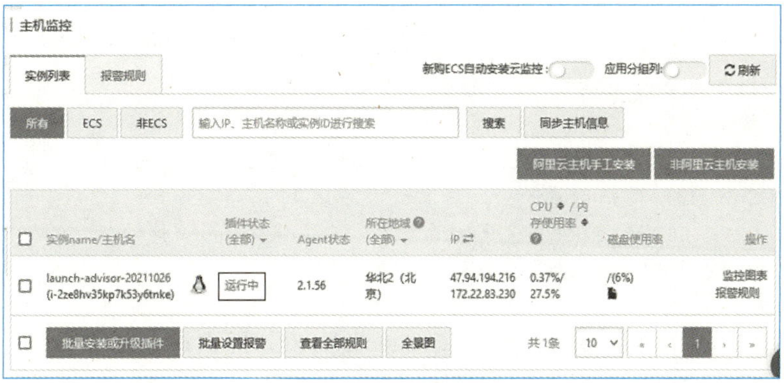

图 8.18 插件安装完成

4. 卸载插件

当自动为云主机安装或升级插件失败时,用户需要卸载原来的插件,并手动安装新插件。下面讲解卸载插件的具体方式。

通过 root 用户登录需要卸载插件的主机,创建一个脚本文件,示例代码如下:

```
[root@iZ2zece53abqe9bsc8cemvZ ~]# cat test.sh
#!/bin/bash

if [ -z "${CMS_HOME}" ]; then
  CMS_HOME_PREFIX="/usr/local"
  if [ -f /etc/os-release -a ! -z "'egrep -i coreos /etc/os-release'" ];then
    CMS_HOME_PREFIX="/opt"
  fi
fi
CMS_HOME="${CMS_HOME_PREFIX}/cloudmonitor"

if [ 'uname -m' = "x86_64" ]; then
    ARCH="amd64"
    ARGUS_ARCH="64"
else
    ARCH="386"
    ARGUS_ARCH="32"
fi
```

```
case 'uname -s' in
  Linux)
    CMS_OS="linux"
    ;;
  *)
    echo "Unsupported OS: $(uname -s)"
    exit 1
    ;;
esac

DEST_START_FILE=${CMS_HOME}/cloudmonitorCtl.sh
#卸载Java和Go插件
GOAGENT_ELF_NAME=${CMS_HOME}/CmsGoAgent.${CMS_OS}-${ARCH}
if [ -d ${CMS_HOME} ] ; then
  if [ -f ${DEST_START_FILE} ];then
    ${DEST_START_FILE} stop
  fi
  if [ -f ${CMS_HOME}/wrapper/bin/cloudmonitor.sh ] ; then
    ${CMS_HOME}/wrapper/bin/cloudmonitor.sh remove;
    rm -rf ${CMS_HOME};
  fi
  if [ -f ${GOAGENT_ELF_NAME} ]; then
    ${GOAGENT_ELF_NAME} stop
    rm -rf ${CMS_HOME}
  fi
fi
```

脚本文件创建完成后，执行该文件，示例代码如下：

```
[root@iZ2zece53abqe9bsc8cemvZ ~]# sh test.sh
```

脚本执行完成后，主机监控界面的实例列表中该实例中插件状态会显示为"已停止"，如图8.19所示。

图 8-19　插件已停止

与此同时，实例中插件的安装目录也已经被脚本删除，示例代码如下：

```
[root@iZ2zece53abqe9bsc8cemvZ ~]# ls /usr/local/
aegis  bin  etc  games  include  lib  lib64  libexec  sbin  share  src
```

5. 手动安装

关于手动安装监控插件，有两种方式，分别对应阿里云主机与非阿里云主机。在阿里云主机上安装插件需要在主机监控界面中单击实例列表右上方的"阿里云主机手动安装"按钮，进入监控安装指引界面，如图8.20所示。

图 8.20 监控安装指引界面

在监控安装指引界面中选择主机的类型、地域与系统后，界面下方会显示出一个插件安装命令，复制该命令在相关主机中执行，示例代码如下。

```
[root@iZ0jlatcva74qr8b1yipjvZ ~]# ARGUS_VERSION=3.5.3 /bin/bash -c "$(curl -s https://cms-agent-cn-wulanchabu.oss-cn-wulanchabu-internal.aliyuncs.com/Argus/agent_install_ecs-1.2.sh)"
installing
networkType is vpc, REGION_ID: cn-wulanchabu
download from http://cms-agent-cn-wulanchabu.oss-cn-wulanchabu-internal.aliyuncs.com/Argus/3.5.3/cloudmonitor_linux64.tar.gz
Failed to execute operation: No such file or directory
Created symlink from /etc/systemd/system/multi-user.target.wants/cloudmonitor.service to /etc/systemd/system/cloudmonitor.service.
argusagent start success!
argusagent vargusagent version 3.5.3 (last change:2021-09-10 14:16:40) installed
```

插件安装完成后，查看其是否运行，示例代码如下：

```
[root@iZ0jlatcva74qr8b1yipjvZ ~]# ps aux | grep argusagent | grep -v grep
root      1546  0.0  0.1  25672  1540 ?        Ss   10:29   0:00 /usr/local/cloudmonitor/bin/argusagent -d
root      1548  0.2  1.7 1065164 16632 ?       Sl   10:29   0:00 /usr/local/cloudmonitor/bin/argusagent
```

由上述结果可知,当前云监控插件已在运行中。

8.3.2 进程监控

通常,进程监控会采集一个时间段内活跃进程所占用的资源,例如CPU使用率、内存使用率等。

云监控插件平均每分钟统计一次CPU消耗前五的进程,采集这些进程的CPU使用率、内存使用率与打开文件数。如果被监控主机拥有多核CPU,而一些进程的CPU使用率超过了百分之百,则说明这些进程占用了多个CPU。如果一个时间段内CPU消耗前五的进程不是固定的,那么云监控将列出该时间段内所有进入过CPU消耗前五的进程,并展示各进程进入CPU消耗前五的时间。

登录云监控控制台,进入主机监控界面,单击实例列表中任意实例"操作"项下的"监控图表"超链接,进入监控图表界面,如图8.21和图8.22所示。

图 8.21　监控图表界面一

图 8.22　监控图表界面二

在监控图表界面中单击上方的"进程监控"标签,进入进程监控页面,如图8.23所示。

图 8.23　进程监控页面

在进程监控页面中单击"添加进程监控"按钮,弹出添加进程监控窗口,如图8.24所示。

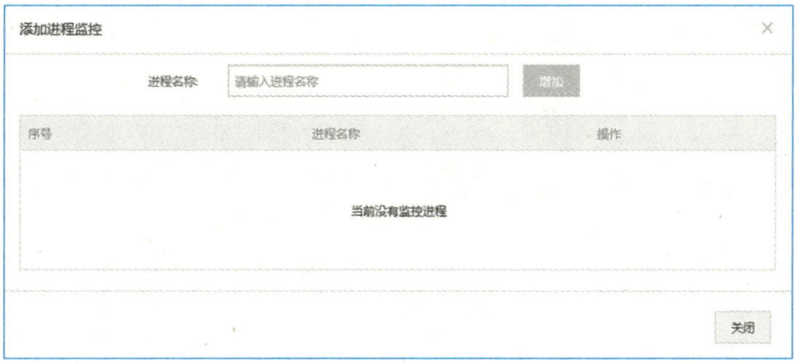

图 8.24　添加进程监控窗口一

在添加进程监控窗口的输入框中输入需要监控的进程名称,单击"增加"按钮完成进程监控添加,如图8.25所示。

图 8.25　添加进程监控窗口二

添加进程监控完成后,单击窗口右下角的"关闭"按钮,即可关闭窗口。用户可在进程监控界面查看已经添加的进程监控,如图8.26所示。

由图8.26可知,当前云监控已经在采集Nginx进程的信息,并展示到进程监控界面中。当一些进程不再运行或不需要监控时,用户可以在添加进程监控窗口中单击"操作"项下的"删除"超链接,即可删除相关进程的监控。

图 8.26　进程监控

8.3.3　报警规则管理

在监控图表界面单击"报警规则"标签，进入报警规则列表界面，如图8.27所示。

图 8.27　报警规则列表界面

在报警规则列表界面中，单击"创建报警规则"按钮，开始创建报警规则，如图8.28和图8.29所示。

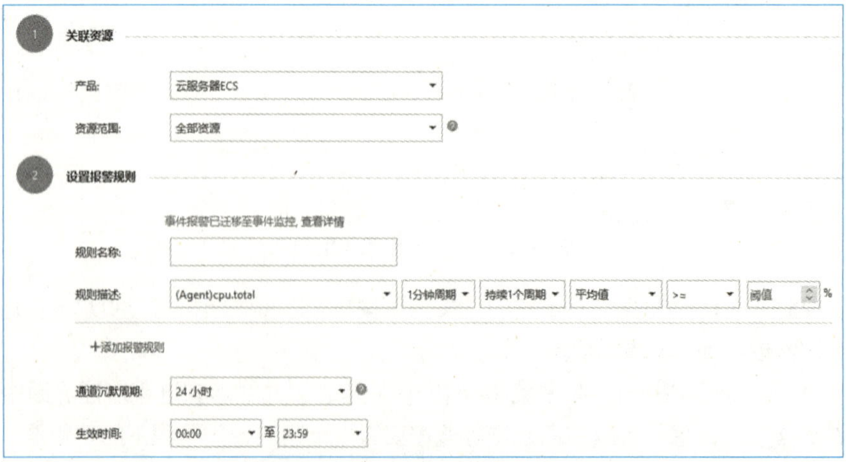

图 8.28　报警规则创建界面一

图 8.29　报警规则创建界面二

用户需要在报警规则创建界面中，配置报警规则参数，各参数的具体说明见表8.2。

表 8.2　报警参数说明

参　数	说　明
产品	云监控可管理的云服务名称
资源范围	报警规则的作用范围
规则名称	报警规则的名称
规则描述	报警规则的主体
通道沉默周期	报警发生后未恢复正常的情况下，每次报警的时间间隔
生效时间	报警规则的生效时间，报警规则只在生效时间内才会检查监控数据是否需要报警
通知对象	发送报警的联系人组
报警级别	电话＋短信＋邮件＋钉钉机器人 短信＋邮件＋钉钉机器人 邮件＋钉钉机器人
弹性伸缩	如果选中弹性伸缩，当报警发生时，会触发相应的伸缩规则
日志服务	如果用户选中日志服务，当报警发生时，会将报警信息写入日志服务
邮件备注	自定义报警邮件补充信息
报警回调	填写公网可访问的 URL，云监控会将报警信息通过 POST 请求推送到该地址，目前仅支持 HTTP 协议

本次示例以CPU百分比作为报警规则，如图8.30所示。

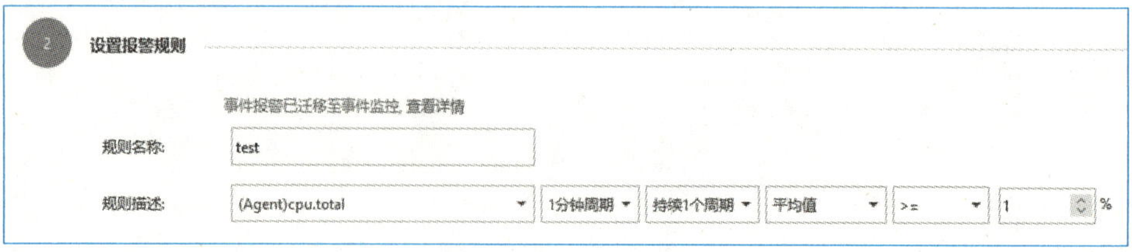

图 8.30　设置报警规则

由图 8.30 可知，本次示例将报警规则配置为 CPU 使用率 1%。简而言之，当 CPU 使用率到达 1% 后将触发报警机制。需要注意的是，此处将 CPU 使用率设置为 1% 是为了实验效果，在实际工作中无须如此。

用户需要配置报警信息的通知方式，在报警机制被触发后才能向用户发送报警信息，本示例以短信通知为例，如图 8.31 所示。

图 8.31　通知方式

报警规则配置完成后，单击界面下方的"确认"按钮即可完成报警规则的创建。待到报警机制被触发后，用户将会收到报警信息，如图 8.32 所示。

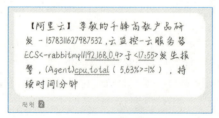

图 8.32　报警信息

报警规则创建完成后，用户可以在报警规则界面的报警规则列表中对报警规则进行管理，如查看、修改、禁用等。

8.4　事件监控

事件监控包含了云产品故障事件、运维事件、业务异常事件等，并且支持将这些事件进行分组汇总统计，将统计结果展示给用户。

单击云监控界面左侧菜单栏中的"事件监控"，进入事件监控界面，如图8.33所示。

图 8.33　事件监控界面

由图8.33可知，事件监控界面上半部分是事件图表，下半部分是事件列表，二者以不同的形式记录事件的发生。在事件列表中单击任意事件"操作"项下的"查看详情"超链接，即可查看该事件的详细信息，如图8.34所示。

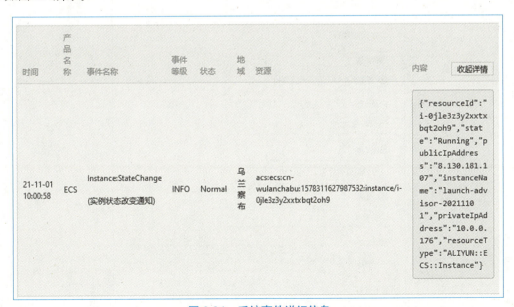

图 8.34　系统事件详细信息

单击事件监控界面左上角的"报警规则"标签，进入报警规则页面，如图8.35所示。

图 8.35 报警规则页面

由图8.35可知，在报警规则页面中所有报警规则都展示在报警列表中。单击界面右上角的"创建事件报警"按钮，即可开始创建/修改事件报警规则，如图8.36和图8.37所示。

图 8.36 创建/修改事件报警规则一

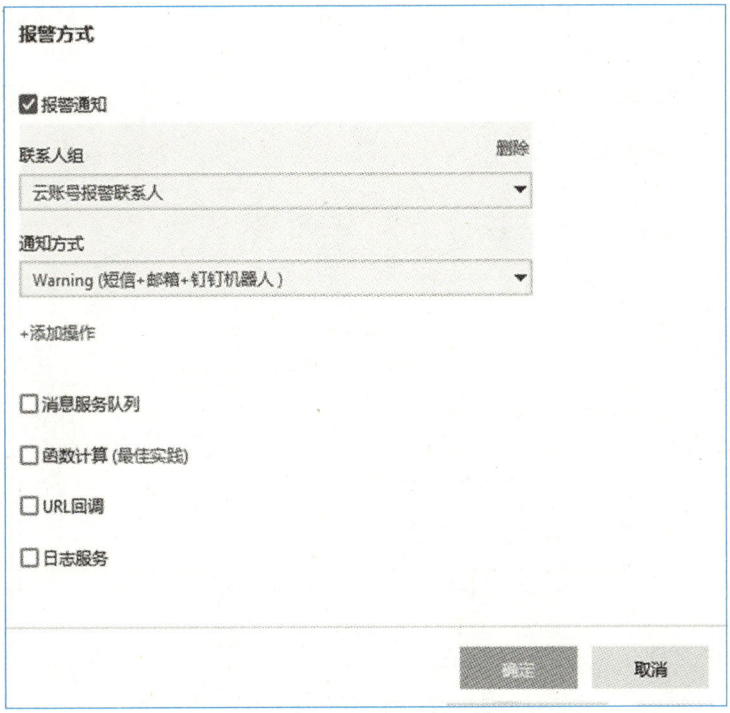

图 8.37　创建／修改事件报警规则二

用户可通过配置报警规则，使云监控在系统事件到达阈值时给用户发送报警信息。事件报警规则的各项参数说明见表8.3。

表 8.3　事件报警参数说明

参　　数	说　　明
报警规则名称	事件报警规则的名称
产品类型	事件报警规则的云服务类型
事件类型	事件报警规则的事件类型
事件等级	事件报警规则的事件等级
事件名称	事件报警规则的事件名称
资源范围	事件报警规则作用的资源范围
联系人组	事件报警规则的报警联系人组
通知方式	事件报警的级别和通知方式
函数计算	事件报警投递到函数计算的指定函数
消息服务队列	事件报警投递到消息服务的指定队列
日志服务	事件报警投递到日志服务的指定日志库
URL 回调	设置 URL 回调地址和请求方法

事件报警规则配置完成后，可以进行调试，测试其可行性。单击事件报警规则列表中任意规则"操作"项下的"调试"超链接，进入创建事件调试界面，如图8.38所示。

图 8.38 创建事件调试

事件调试配置完成后，单击右下角的"确定"按钮开始执行调试。事件调试主要通过模拟实例故障来测试报警的可行性。如果报警可行，那么用户会通过媒介收到来自云监控的报警信息，如图8.39所示。

图 8.39 报警信息

小　　结

本章主要讲解了云监控平台的概念、Dashboard的应用、主机监控部署方式、报警规则配置方式、事件监控方式以及站点监控部署技术。通过本章的学习，希望读者能够了解云监控平台的概念，熟悉云监控大盘Dashboard的应用，掌握云监控在不同应用场景的部署方式。

习 题

一、填空题

1. 云监控是一款针对_____与_____提供监控的服务。
2. 云监控通过_____为用户提供信息，将收集到的信息以图形化的方式展示出来。
3. Dashboard 提供了 3 种监控类型，包括_____监控、_____监控与_____监控。
4. 云监控插件共有 3 个版本，分别是_____、_____与_____。
5. _____文件是云监控 C++ 版本插件的运行日志。

二、选择题

1. 下列选项中，不属于云监控中包含的监控内容的是（　　）。
   A. 事件监控　　　　　　　　B. 站点监控
   C. 主机监控　　　　　　　　D. 视频监控
2. 下列选项中，不属于云监控插件版本的是（　　）。
   A. C++　　　　　　　　　　B. Go
   C. Java　　　　　　　　　　D. Python
3. 下列选项中，表示记录云监控 C++ 版本插件在运行时记录守护进程状态的日志文件是（　　）。
   A. argusagentd.log　　　　　B. argusagent.log
   C. cloudmonitor　　　　　　D. local_data
4. 下列选项中，用于检测云监控插件心跳的端口是（　　）。
   A. 80　　　　　　　　　　　B. 3819
   C. 443　　　　　　　　　　 D. 3128
5. 下列选项中，不属于事件监控包含内容的是（　　）。
   A. 云产品故障事件　　　　　B. 业务异常事件
   C. 运维事件　　　　　　　　D. 死锁事件

三、思考题

1. 简述云监控插件的作用。
2. 简述事件监控部署过程。

四、操作题

使用云监控部署站点监控。

第 9 章 云安全

本章学习目标
- ◎ 了解云安全的概念
- ◎ 熟悉云安全的相关产品及其原理
- ◎ 掌握云安全防护手段的使用

随着云计算、云存储等概念的出现,云安全的重要性也日趋明显。云计算、云存储等将资源部署到云上后,其安全问题也随之而来。云安全不仅是用户关注的问题,也是互联网企业与云厂商关注的问题。针对层出不穷的网络攻击手段,云厂商推出了多种防御措施,有效保证了云上安全性。本章将针对云安全及其相关知识点进行讲解。

9.1 了解云安全

云安全(Cloud Security)是指基于云计算商业模式应用的安全软件、硬件、机构以及安全云平台的总称。云安全的主要目标是通过大量客户端对网络中的软件行为进行检测,获取互联网中的各类病毒的最新信息,推送到服务端进行分析与处理,再由服务端将各类病毒的解决方案分发到每个客户端,使整个互联网形成一个大型的杀毒软件。云安全概念图如图9.1所示。

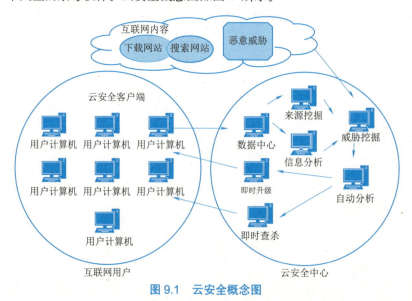

图 9.1 云安全概念图

云安全是在业务上云之后不可忽视的问题，它影响着业务运行的流畅度甚至与企业发展至关重要。

9.2 云安全产品

现如今，随着公有云在国内的迅速发展，云厂商基本上都为用户提供了针对云上安全的防御措施或云安全产品。阿里云的云安全产品有DDoS防护、游戏盾、云防火墙、Web应用防火墙、数据安全中心等。不同的产品能够在不同的场景中保护用户云上资源的安全。下面介绍几种常见的云安全产品。

1. 云防火墙

云防火墙是一款处于SaaS层的防火墙，能够针对用户的云上资源面向公网、VPC网络与主机进行安全隔离防护。云防火墙针对用户需求，提供了访问控制、业务隔离、流量识别等功能。云防火墙主要由两个控制模块组成，分别是南北向流量控制模块与东西向流量控制模块。其中南北向流量控制模块主要用于实现公网到主机间的访问控制，东西向流量控制模块主要利用安全组到主机之间的交互流量进行控制。

2. DDoS 防护

DDoS防护是针对DDoS攻击的防护手段，为用户提供了4个防护方案，分别是DDoS原生防护基础版、DDoS原生防护企业版、DDoS高防与游戏盾，用户可以根据实际的应用场景选择合适的方案。其中，DDoS原生防护基础版是基于用户所拥有的云产品提供的免费服务；DDoS原生防护企业版能够将防护能力直接加载到云产品上实现防护能力的提升；DDoS高防是解决已被DDoS攻击的方案，能够将流量牵引到DDoS高防清洗，过滤攻击流量，并将正常访问流量转发到源站；游戏盾是专门针对游戏行业的DDoS攻击的防御方案，不仅能够防御大型DDoS攻击，还能解决基于TCP的CC攻击。

3. 云安全中心

云安全中心是一款实时识别、分析、预警网络威胁的安全管理系统，具备防勒索、防病毒、防篡改、镜像安全扫描等能力，能够实现检测、响应、溯源等安全措施，从而保护用户的云上环境安全。

4. Web 应用防火墙

Web应用防火墙（Web Application Firewall，WAF）能够为网站或业务提供一站式安全防护。Web应用防火墙的防护功能主要是针对Web业务的，能够识别来自公网的恶意流量，对流量进行过滤，再将安全的流量转发到服务器，避免服务器遭到恶意攻击，保证了网站业务与数据的安全。

5. SSL 证书服务

SSL证书服务（Alibaba Cloud SSL Certificates Service）是由阿里云联合中国及中国以外地域多家数字证书颁发机构（Certificate Authority，CA），在阿里云平台上直接提供的数字证书申请和部署服务。SSL证书服务能够使用户以最小的成本将服务从HTTP转换成HTTPS，实现网站或移动应用的身份验证和数据加密传输。

9.3 云防火墙

云防火墙是基于云平台的一款防火墙，能够统一管理南北向与东西向的流量，提供了实时流量监控、访问控制、实时入侵防御等功能。云防火墙是最常用的云安全产品之一，不仅能够过滤由公网到主机的流量，还能够控制由主机到公网的主动外联的流量。

9.3.1 界面概览

首次进入云防火墙控制台时，系统会提醒用户创建一个云防火墙服务关联角色，如图9.2所示。

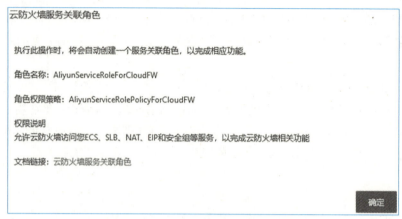

图 9.2　云防火墙服务关联角色

单击提示窗口中的"确定"按钮后，系统会自动创建服务关联角色。

1. 待处理事件

云防火墙控制台的概览界面大致分为7个板块，分别是待处理事件、资产保护、安全防护、安全策略、流量趋势、场景数据与近期更新。待处理事件板块中包含了已失陷主机、待防护漏洞数、对外开放端口与异常外联4个异常事件区域，如图9.3所示。

图 9.3　待处理事件板块

用户可以通过右上角的时间下拉列表选择异常事件的时间范围。将鼠标移动到任意异常事件区域后，该区域左上角会显示一个"立即处理"超链接，单击该超链接即可进入异常事件界面，方便用户处理异常事件。4个异常事件区域分别对应失陷感知界面、漏洞防护界面、互联网访问活动界面与主动外联活动界面。

2. 资产保护

资产保护板块展示了用户的资产保护情况，包含已开启或未开启的互联网边界防火墙、VPC边界防火墙、主机边界防火墙保护的公网IP资产的数量，如图9.4所示。

第 9 章 云安全

图 9.4 资产保护板块

对于没有开启防火墙的资产,用户可以在防火墙开关页面开启对应的防火墙。

3. 安全防护

安全防护板块中的内容是近期云防火墙触发的安全防护次数,其中包含防护总次数、入侵攻击拦截数、访问控制拦截数与漏洞攻击拦截数,如图9.5所示。

图 9.5 安全防护板块

4. 安全策略

安全策略板块访问控制策略的相关情况,包括待下发智能策略数与总ACL策略数,如图9.6所示。

图 9.6 安全策略板块

单击"待下发智能策略数"超链接,进入访问控制页面的智能策略推荐面板,用户可在该面板中查看与下发防火墙安全策略。单击"总ACL策略数"超链接,进入访问控制页面,用户可在该页面管理安全策略。

5. 流量趋势

流量趋势板块展示了近期已开启防护的资产上的流量趋势与云防火墙在入方向、出方向拦截的会话数量的变化趋势，如图9.7所示。

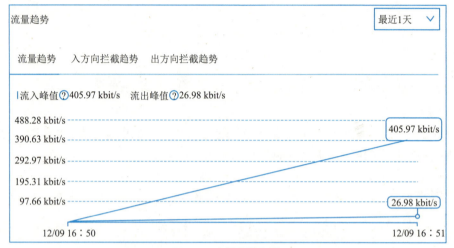

图 9.7　流量趋势板块

由图9.7可知，流量趋势板块中提供了3个标签，单击不同的标签能够查看不同的趋势图。

6. 场景数据

场景数据板块展示了近期云防火墙在已开启防护的资产上检测到的暴力破解、扫描、挖矿行为与数据库防护信息，如图9.8所示。

图 9.8　场景数据板块

由图9.8可知，场景数据板块中提供了4个标签，单击不同的标签能够查看不同的防护数据。

7. 近期更新

近期更新板块展示了近期云防火墙的虚拟补丁、规则、功能的更新记录，如图9.9所示。

图 9.9　近期更新板块

9.3.2　流量分析

云上实例开启防护后,所有进出实例的流量都会经过云防火墙。云防火墙通过对实例的流量进行分析、计算能够使用户实时查看实例上发生的入侵事件、网络活动、流量趋势、入侵防御、主机外联活动等,使流量可视化。

1. 主动外联活动

云防火墙会通过主动外联活动页面向用户展示云上实例的主动外联数据,使用户能够及时发现可疑主机。

进入云防火墙控制台后,界面左侧会展示一个菜单栏,用户可单击菜单栏中的选项进入对应的页面中,如图 9.10 所示。

在控制台菜单栏中,单击"网络流量分析"→"主动外联活动"选项,进入主动外联活动页面。用户可以在主动外联活动页面右上角的时间列表中设置需要查看活动的时间段,如图 9.11 所示。

图 9.10　控制台菜单栏

图 9.11　时间列表

主动外联活动页面上方展示的是外联数据的统计信息,如图 9.12 所示。

外联域名	外联目的IP	外联资产	外联协议分析
0 风险　1 全部	0 风险　7 全部	0 风险　1 全部	0 风险　3 全部

图 9.12　外联数据统计信息

外联域名下的两个数值分别表示存在风险的外联域名数量与全部外联域名数量；外联目的IP下的两个数值分别表示存在风险的外联目的IP数量与全部外联目的IP数量；外联资产下的两个数值分别表示发起存在风险的外联的资产数量与发起外联的全部资产数量；外联协议分析下的两个数值分别表示外联协议分析结果与外联活动中用到的全部协议。

外联数据统计信息下方是外联明细，主要作用是展示外联活动的详细信息，如图9.13所示。

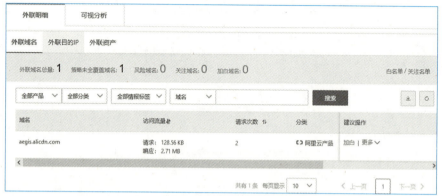

图9.13　外联明细

外联明细中包含了3个标签，分别是外联域名、外联目的IP与外联资产。外联明细中默认展示外联域名页面，该页面中的内容是云防火墙根据外联域名的公网信息添加的网站属性，包括域名、访问流量、请求次数等。用户可在任意域名的"建议操作"项下单击"加白"超链接，将该域名加入白名单。单击"更多"下拉按钮，会展示3个选项，分别是"关注""日志"与"访问详情"，如图9.14所示。

图9.14　"更多"下拉列表

"关注"选项可将该域名添加到关注名单中。用户可单击"日志"选项，进入流量日志审计界面，通过该界面可查看当前域名的流量日志记录，如图9.15所示。

图9.15　流量日志记录

单击"访问详情"选项，可查看到该域名的访问详细信息，如图9.16所示。

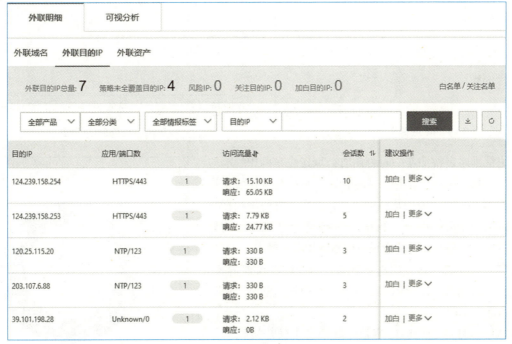

图 9.16 域名访问详细信息

外联目的IP页面中的内容是云防火墙根据外联域名的公网信息添加的网站属性，包括目的IP、应用/端口数、访问流量、会话数、建议操作等，如图9.17所示。

图 9.17 外联目的 IP

外联资产页面中的内容是云防火墙根据外联记录为当期资产添加的安全属性，包括资产IP、资产类型、实例ID/名称、地域、访问流量、请求次数、安全风险等，如图9.18所示。

图 9.18　外联资产

可视分析页面中包含两个模块，由上到下分别是IP流量统计与外联协议分析。IP流量统计模块包括IP流量排序表与全部流量趋势图，如图9.19和图9.20所示。

图 9.19　IP 流量排序表

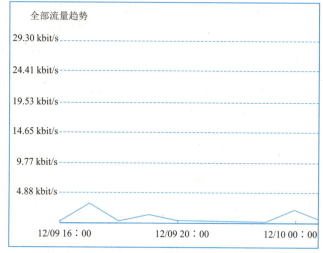

图 9.20　全部流量趋势

IP流量排序表按照某一时刻所有公网IP或私网IP的响应流量的大小排序，通常是按照流量由高到低排序。IP流量排序表下有两个标签，分别是私网IP与公网IP，方便用户在公网与私网之间切换。用户可单击全部流量趋势表横轴上的任意时间点刷新趋势表，并查看该时间点的IP流量排序。

外联协议模块包含应用占比饼状图与外联协议详情表。其中，应用占比饼状图展示的是外联活动中使用的不同协议的分布占比，如图9.21所示。

外联协议详情表中的内容是外联活动中使用协议的详情，如图9.22所示。

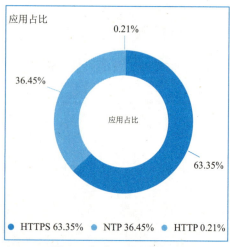

图 9.21　应用占比饼状图

外联协议详情					
应用	端口	请求流量	响应流量	访问次数	操作
HTTPS	443	986.65 KB	4.55 MB	617	日志
NTP	123	38.13 KB	36.09 KB	355	日志
HTTP	80	128.56 KB	2.71 MB	2	日志

图 9.22　外联协议详情表

2. 互联网访问活动

互联网访问活动页面展示了云上资产入方向的正常与异常流量的概况，包括入方向流量的开放应用、开放端口、开放公网IP地址与流量访问资产的信息。

在控制台菜单栏中，单击"网络流量分析"→"互联网访问活动"选项，进入互联网访问活动页面。互联网访问活动页面上方展示的是互联网活动的统计信息，包括开放公网IP、开放端口、开放应用、云产品以及它们存在风险的数量，如图9.23所示。

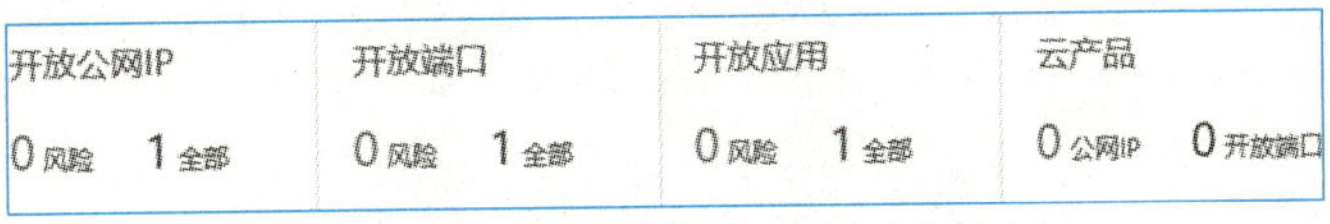

图 9.23　互联网活动统计信息

互联网访问活动页面中包含两个模块，由上到下分别是IP流量统计与互联网访问活动详情。该页面中IP流量统计模块的功能与外联活动页面中的模块相同，所以此处不再赘述。互联网访问活动详情模块中的内容是开放公网IP、开放端口、开放应用、明细与云产品的详情列表，如图9.24所示。

图 9.24　互联网访问活动详情模块

用户可通过单击列表上方的标签切换列表内容。

3. 全量活动搜索

全量活动搜索页面展示了云防火墙保护范围内所有主机的全部流量访问趋势、应用访问来源、会话以及它们的占比。

在控制台菜单栏中单击"网络流量分析"→"全量活动搜索"选项，进入全量活动搜索页面。全量活动搜索页面中包含3个模块，分别是条件查询、历史趋势与流量访问Top。其中，条件查询模块用于设置查询条件并根据条件查询相关的流量访问数据，如图9.25所示。

图 9.25　条件查询模块

历史趋势模块以图形化的方式展示了历史流量访问趋势，如图9.26所示。

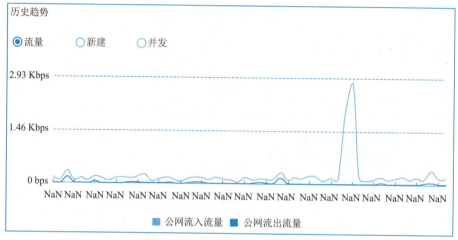

图 9.26　历史趋势模块

由图9.26可知，在趋势图左上角有3个按钮，分别是"流量""新建""并发"，用户切换图中的数据，分别表示流量趋势、新建连接趋势与并发量趋势。

流量访问Top模块中的内容又分为入方向应用与出方向应用，分别展示入方向与出方向的来源、应用与会话。以入方向应用为例，其中内容分为3部分，分别是入方向来源地区、入方向应用与入方向会话，如图9.27至图9.29所示。

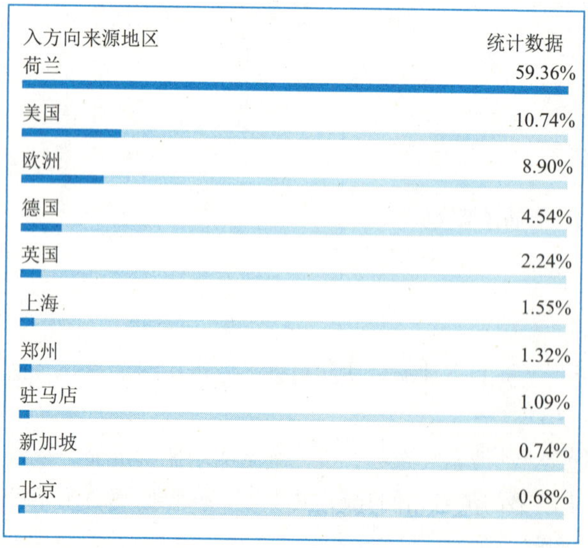

入方向来源地区	统计数据
荷兰	59.36%
美国	10.74%
欧洲	8.90%
德国	4.54%
英国	2.24%
上海	1.55%
郑州	1.32%
驻马店	1.09%
新加坡	0.74%
北京	0.68%

图 9.27　入方向来源地区

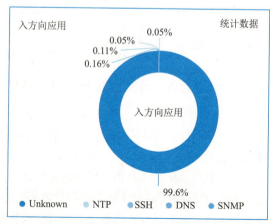

图 9.28　入方向应用

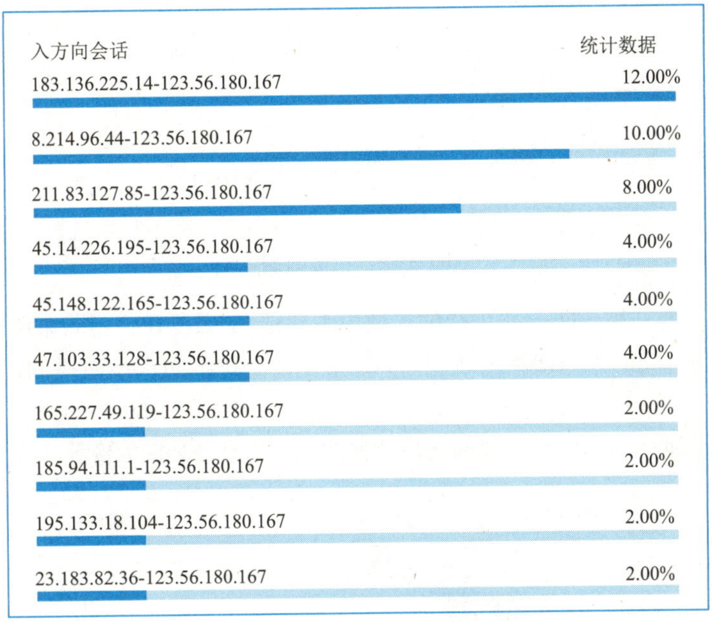

图9.29 入方向会话

9.3.3 攻击防护

攻击防护是云防火墙的主要功能，分为3个方面，分别是入侵防御、漏洞防护与失陷感知。

1. 入侵防御

入侵防御界面展示了入方向、出方向流量与VPC流量的防护信息。

在控制台菜单栏中单击"攻击防护"→"入侵防御"选项，进入入侵防御页面。入侵防御页面上方默认展示的是互联网防护数据，主要分为3个部分，分别是攻击总数、攻击类型分布与拦截数据。其中，攻击总数包括攻击次数、已拦截次数与仅警告次数，如图9.30所示。

攻击总数部分以世界地图的缩略图展示了攻击来源的地域信息。攻击类型分布部分以饼图的形式展示了攻击类型的分布信息，如图9.31所示。

图9.30 互联网防护攻击总数

图9.31 攻击类型分布

由图9.31可知，在饼图的右侧会展示出具体的攻击类型数据。拦截数据部分展示的是被拦截的IP地址，分为阻断目的TOP、阻断来源TOP与阻断应用TOP，如图9.32所示。

图 9.32 拦截数据

阻断目的TOP展示的是被云防火墙阻拦的连接中占比前5的目的IP；阻断来源TOP展示的是被云防火墙阻拦的连接中占比前5的来源IP；阻断应用TOP展示的是被云防火墙阻拦的连接中占比前5的应用类型。

入侵防御页面上方默认展示的是互联网防护数据的详细信息，如图9.33所示。

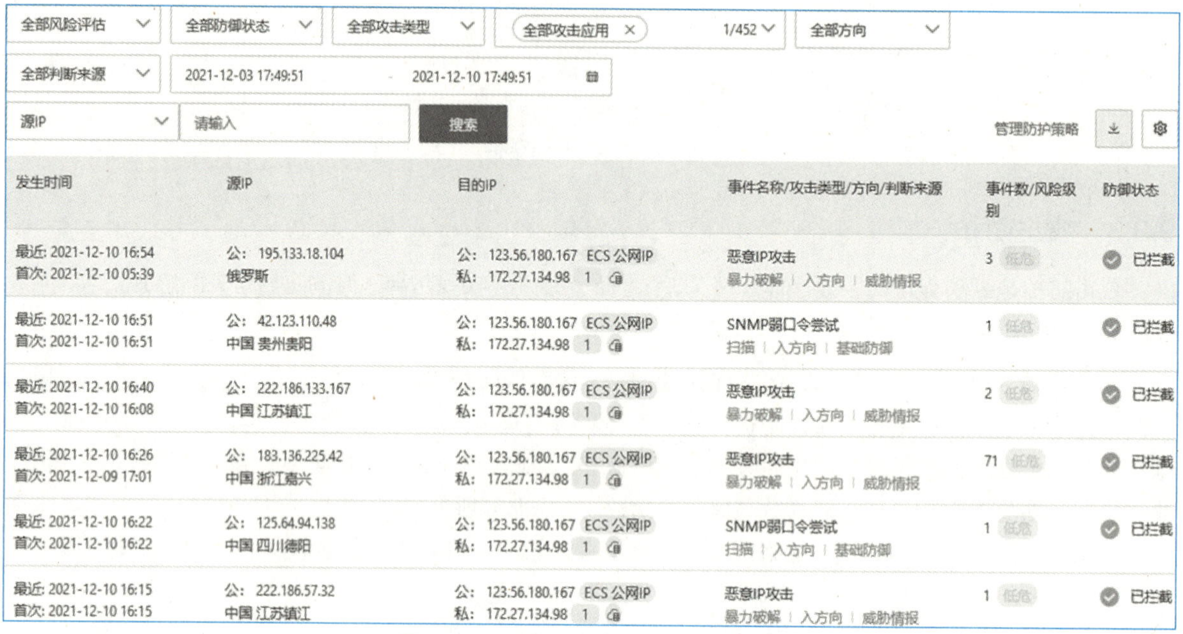

图 9.33 互联网防护数据的详细信息

由图9.33可知，互联网防护数据的详细信息会以列表的形式展示出来。

2. 漏洞防护

漏洞防护页面展示了可能被网络攻击利用的漏洞，并且为此类漏洞提供防御措施。漏洞防护页面上方是漏洞信息检测结果，包括防护风险资产数、防护漏洞数与防护漏洞攻击数，如图9.34至图9.36所示。

图 9.34 防护风险资产数　　图 9.35 防护漏洞数 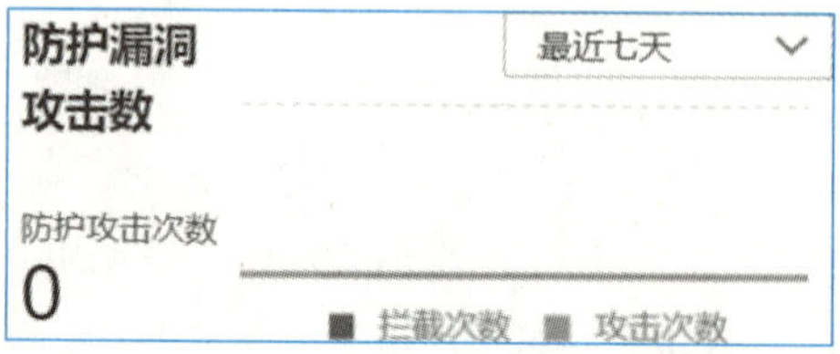　　图 9.36 防护漏洞攻击数

漏洞防护页面下方是关于漏洞防护的详细信息,以列表的形式展示出来,如图9.37所示。

图 9.37　漏洞防护列表

3. 失陷感知

失陷感知页面实时展示了威胁检测引擎检测到的入侵活动与详细信息。失陷感知页面中的多数内容以列表的形式展示,用户可在页面上方的下拉列表中筛选相应的入侵活动,如图9.38所示。

图 9.38　失陷感知页面

4. 防护配置

云防火墙内置了威胁检测引擎,能够对互联网恶意流量入侵活动与攻击行为实时阻断与拦截,并且提供了威胁虚拟补丁,自动阻断风险。用户可在防护配置页面中配置威胁检测引擎的大致规则。配置防护页面中的内容大致分为3个板块,分别是威胁引擎运行模式、高级设置与威胁引擎运行原理。其中,威胁引擎运行模式用于配置威胁引擎处理威胁的措施,如图9.39所示。

图 9.39　威胁引擎运行模式

由图9.39可知,威胁引擎运行模式提供了两种对威胁的处理方式,分别是观察与拦截。其中,观察模式不会拦截攻击行为,只对其进行记录与告警。拦截模式会对攻击行为进行拦截,并且提供了3个拦截等级供用户选择。

高级设置板块能够支持用户配置威胁情报、基础防御、智能防御、虚拟补丁与防护白名单，如图9.40和图9.41所示。

威胁情报功能可将阿里云检测到的整个互联网内的威胁情报同步到云防火墙，使其能够及时防范可能遭受的攻击。基础防御功能为用户的云上资源提供了基础的防御能力，能够对暴力破解、命令执行漏洞拦截、命令控制等行为进行管控。如果基础防御功能无法满足用户需求，那么可以升级到企业版自定义配置。智能防御功能能够智能化地学习云上攻击数据，使其能够识别相关的攻击手段并及时阻止。针对可能被远程利用的高危漏洞与应急漏洞，虚拟补丁无须安装在实例中，直接在网络层实时拦截漏洞攻击。

当云防火墙的防护配置太高时，可能会拦截一些陌生且合法的IP地址，用户可以通过配置防护白名单，使云防火墙不再拦截该地址。单击高级设置板块右上角的"防护白名单"超链接，可对防护白名单进行配置，如图9.42所示。

图 9.40　高级设置一

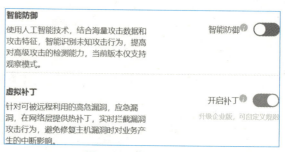

图 9.41　高级设置二

由图9.42可知，用户可在防护白名单中配置目的IP地址与源IP地址，使其不受云防火墙的拦截。威胁引擎运行原理板块解析了云防火墙攻击防护各项功能的原理，如图9.43所示。

图 9.42　防护白名单

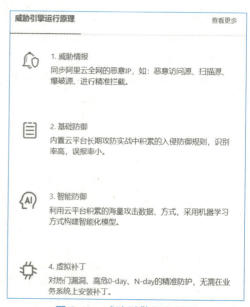

图 9.43　威胁引擎运行原理

9.4 DDoS 攻击与防护

DDoS防护是针对DDoS攻击的防护手段。

9.4.1 DDoS 攻击

DDoS（Distributed Denial of Service，分布式拒绝服务）攻击是指处于不同位置的多个设备同时向目标发起攻击行为，这些设备可以由多个攻击者控制，也可以由一个攻击者远程控制。DDoS攻击的主要手段是通过大量联网设备向目标发送无用数据包，将其资源耗尽，导致无法提供正常服务。

攻击者会在实施攻击行为前通过恶意软件远程控制一批联网设备，每个被控制的设备都称为机器人，一组机器人组成了僵尸网络。攻击者可控制僵尸网络内的所有设备向目标IP地址发送请求，占用目标资源，使其拒绝正常的访问请求。由于每个机器人设备都是合法的，所以目标很难区分正常流量与异常流量。DDoS攻击的基本原理如图9.44所示。

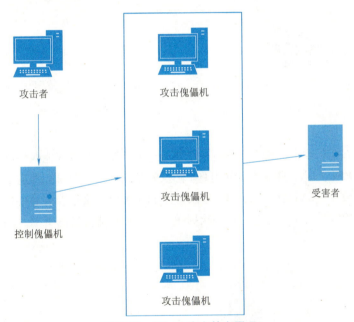

图 9.44　DDoS 攻击基本原理

多数DDoS攻击都是通过大量的数据包"压垮"目标设备，其中大致可分为3类，即应用程序层攻击、协议攻击与容量耗尽攻击。

1. 应用程序层攻击

应用程序层攻击又称第7层DDoS攻击，以响应HTTP请求的应用层为攻击目标，例如HTTP洪水攻击。客户端发起一次HTTP请求的成本较低，而服务端响应一次HTTP请求的成本比较高昂，不仅过程烦琐，还占用资源。HTTP洪水攻击通过大量客户端在同一时间间隔内，一直向服务端发起HTTP请求，导致服务端承受巨大的访问量，从而拒绝对正常访问的服务。HTTP洪水攻击原理如图9.45所示。

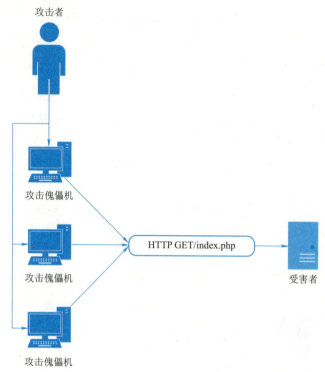

图 9.45　HTTP 洪水攻击原理

2. 协议攻击

协议攻击又称状态耗尽攻击，其主要攻击手段是通过消耗服务器或其他网络设备的资源，导致服务中断，例如SYN洪水攻击。SYN洪水攻击利用TCP协议的三次握手，向目标发送大量带有伪造源IP地址的SYN数据包来实现攻击。SYN数据包是TCP三次握手的请求包，服务端会对每个请求做出响应，然后等待最后一次握手，但客户端不会进行最后一次握手，以此消耗服务端的资源。SYN洪水攻击的原理如图9.46所示。

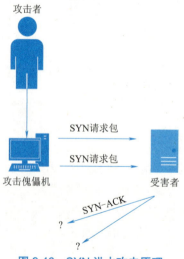

图 9.46　SYN 洪水攻击原理

3. 容量耗尽攻击

容量耗尽攻击通过消耗目标与一些公网资源之间的带宽实现攻击，主要方式是利用放大攻击或生成大量流量的手段向目标发送数据，消耗目标资源，例如DNS放大。DNS放大攻击会伪造目标IP地址向多个DNS服务器发送请求全部资源的请求，目标IP地址将收到大量数据，使其无法提供正常服务。DNS放大攻击原理如图9.47所示。

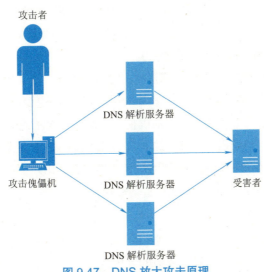

图 9.47 DNS 放大攻击原理

9.4.2 DDoS 防护

针对可能发生的DDoS攻击，阿里云为用户资产配置了基本的DDoS防护与黑洞策略。

1. 黑洞策略

黑洞策略能够在用户资产遭受DDoS攻击，并且该攻击超出防御能力时，将所有入方向流量都放弃，以避免更大程度的损害。资产进入黑洞状态后，阿里云会持续检测攻击状态，在攻击结束一段时间后自动解除黑洞状态。

如果云上资产进入黑洞状态，说明当前资产的DDoS防御能力不足以应对当前遭受的DDoS攻击。面对黑洞状态，用户可以采取以下措施。

① 升级DDoS防护，向阿里云官方获取更强大的DDoS防护能力。

② 在攻击结束后等待一段时间，黑洞状态会自动解除。默认黑洞解除时间是2.5 h，实际解除时间会根据资产被攻击的频率差异而定。

③ 在急需恢复业务的情况下，用户可以手动解除黑洞状态。黑洞状态解除后，建议用户及时部署防御措施。如果在攻击没有结束的情况下解除黑洞状态，资产可能被再次攻击进入黑洞状态。

只有在DDoS攻击的峰值带宽超过DDoS防护能力时，才会触发黑洞策略。DDoS防护能力越强大，被DDoS攻击时触发黑洞策略的概率越小。综上所述，提升资产的DDoS防护能力才是防止黑洞状态的关键。

2. DDoS 原生防护

DDoS 原生防护是一款能够直接提升用户资产的 DDoS 防护能力的云产品，容易部署。

DDoS 原生防护分为两种，分别是 DDoS 原生防护基础版与 DDoS 原生防护企业版。其中，DDoS 原生防护基础版是免费使用的，在资产创建完成后自动配备；DDoS 原生防护企业版是需要付费使用的，在资产创建完成后用户可以自行升级到 DDoS 原生防护企业版。

DDoS 原生防护基础版根据用户资产配置了最基础的 DDoS 防护能力，基于用户资产提供了最大 5 Gbit/s 的 DDoS 防护能力。DDoS 原生防护企业版能够将防御能力加载到云产品中，直接提升云产品的防御能力，并且支持基于实例地域的流量清洗能力。

DDoS 原生防护主要提供针对三层与四层流量攻击的防御服务，流量超出 DDoS 原生防护的默认清洗阈值后，会自动触发流量清洗，实现 DDoS 防护。DDoS 原生防护的主要功能是被动清洗，次要功能是主动压制。针对 DDoS 攻击手段，DDoS 原生防护能够使云产品在被攻击的情况下，仍能够对外提供服务。DDoS 原生防护在 IDC 机房的出口处以旁路部署的方式部署 DDoS 攻击检测与清洗系统。

DDoS 原生防护能够满足业务规模大、对网络质量要求较高的用户。DDoS 原生防护可通过投入低成本提升用户资产的 DDoS 防护能力，降低 DDoS 攻击带来的风险。

3. DDoS 高防

DDoS 高防（Anti-DDoS）是一款 DDoS 代理防护服务，通常以 IDC 机房的形式为服务端做反向代理，拦截异常流量，转发正常流量，以保证业务的可用性。DDoS 高防通过 DNS 解析与 IP 直接指向的方式将流量引入到 DDoS 高防机房，根据转发规则将正常的访问流量转发到服务端。来自公网的流量先进入 DDoS 高防机房，经过 DDoS 高防机房的清洗，将正常的访问流量转发到业务中，使服务端能够在被 DDoS 攻击的状态下仍能提供正常的服务。

DDoS 高防能够隐藏源站的地址，使攻击者无法获取源站地址，增强业务安全性。DDoS 高防采用了高可用网络防护集群，消除了单点故障，还支持弹性伸缩。DDoS 高防适用于遭受 DDoS 攻击勒索、DDoS 攻击导致业务不可用、需要持续 DDoS 防护等场景。

4. 游戏盾

游戏盾是阿里云厂商针对游戏行业可能面临的 DDoS、CC 攻击推出的一款网络安全方案。游戏盾不仅能够防御大型 DDoS 攻击，还能够防御基于 TCP 协议的 CC 攻击。

与 DDoS 高防不同，游戏盾并非利用大量带宽正面对抗 DDoS 攻击，而是通过分布式抗 DDoS 节点将攻击进行拆分与调度，使攻击无法集中，同时使用调度策略将攻击隔离。

小　　结

本章主要讲解了云安全的概念、公有云云安全产品、云防火墙的原理与使用方式、DDoS 攻击原理以及公有云 DDoS 防护措施。通过本章的学习，希望读者能够了解云安全的概念，熟悉常见的公有云云安全产品，掌握云防火墙与 DDoS 防护的原理。本章内容旨在用户遭受网络攻击时，能够及时做出应对措施，保护云上资产。

习　题

一、填空题

1. 阿里云的云安全产品有_____、_____、_____、Web 应用防火墙、数据安全中心等。

2. 云防火墙是一款处于_____层的防火墙，能够针对用户的云上资源面向公网、VPC 网络与主机进行安全隔离防护。

3. 云安全中心是一个实时_____、_____、_____的统一安全管理系统。

4. 云防火墙是基于云平台的一款防火墙，能够统一管理_____向与_____向的流量，提供了实时流量监控、访问控制、实时入侵防御等功能。

5. DDoS 攻击的主要手段是通过大量联网设备向目标发送无用数据包，将其资源_____，导致无法提供正常服务。

二、选择题

1. 下列选项中，不能直接实现流量控制的是（　　）。
   A．DDoS 防护　　　　　　　　B．SSL 证书
   C．云防火墙　　　　　　　　　D．Web 防火墙

2. 下列选项中，适用于游戏行业的 DDoS 防护产品的是（　　）。
   A．DDoS 防护原生防护　　　　B．游戏盾
   C．DDoS 高防　　　　　　　　D．VPC

3. 下列选项中，属于 DDoS 攻击的是（　　）。
   A．CC 攻击　　　　　　　　　B．XSS 攻击
   C．ARP 攻击　　　　　　　　 D．SQL 注入

4. 下列选项中，属于被 DDoS 攻击时的正确措施是（　　）。
   A．清洗流量　　　　　　　　　B．关闭堡垒机
   C．解除黑洞状态　　　　　　　D．开放端口

5. 下列选项中，对黑洞状态说明错误的是（　　）。
   A．屏蔽所有流量　　　　　　　B．屏蔽所有出流量
   C．屏蔽所有入流量　　　　　　D．屏蔽所有指令

三、思考题

1. 简述常见的 3 款或 3 款以上的云安全产品及其作用。
2. 简述 DDoS 高防与游戏盾的区别。

参 考 文 献

[1] 龙潇,宁文峰.BIM应用与软件研发一体化云平台设计与部署[J].中华建设,2020(增刊1):135-138.

[2] 冷令.基于公有云的信息安全攻防平台研究与实现[J].网络安全技术与应用,2019(2):44-45.

[3] 程志,周施文,黄鹤凌.一种利用公有云实现网站性能伸缩的技术方案[J].华南地震,2018,38(4):34-38.

[4] 安全.基于云计算的数据库服务应用研究[J].数字通信世界,2018(12):221.

[5] 孙光懿,熊杰.SLB技术在应用系统平台建设中的研究:以西方宗教音乐资源检索平台建设为例[J].实验室研究与探索,2019,38(3):116-119,173.

[6] 马泽.对象存储服务对空间非结构化数据存储的探讨:以阿里云OSS为例[J].江西科学,2018,36(2):347-352.

[7] 刘伟,徐雷,陶冶.云监控服务下监控数据面临的安全风险与对策分析[J].信息通信技术,2018,12(6):18-24.

[8] 余小军,吴亚飚,张玉清.云安全体系结构设计研究[J].信息网络安全,2020,20(9):62-66.

[9] 于程程,蒋文蓉,闫季鸿.云计算与云安全课程建设方法的探索与实践[J].科技资讯,2020,18(13):92-93.